So lerne ich am liebsten!

100 Textaufgaben 3./4. Klasse

Übungsbuch Mathematik

Technik • Tore • Tiere

Holger Geßner
Detlev Heuchert

Klett Lerntraining

Autoren:
Holger Geßner: Seiten 8 – 55
Detlev Heuchert: Seiten 56 – 107

Bildquellennachweis

- Dreamstime LLC, Brentwood, TN: Seite 3, 18; Ahmet Ihsan Ariturk Seite 5, 76; Alexey Stiop Seite 16; Andrii Iurlov Seite 13; Cflorinc Seite 44; Chrishg Seite 56; Grigoriy Pil##1 Seite 21; Ilfede Seite 1, 5, 64; James Boardman Seite 3, 16; Jamie Roach Seite 81; Javarman Seite 88; Kitch Seite 60; Lukas Blazek Seite 48; Massimiliano Campe Seite 28; Melissaf84 Seite 52; Mgkuijpers Seite 33; Mikael Damkier Seite 12; Mikdam Seite 6, 89, 89; Mikephotos Seite 56; Nico Smit Seite 24; Peggy Laflesh Seite 96; Ron Chapple Studios Seite 5, 80, 80; Sneekerp Seite 6, 96; Sportgraphic Seite 3, 12, 29; Suprijono Suharjoto Seite 16; Tjkphotography Seite 5, 61; Tomislav Birtic Seite 28; Websubstance Seite 81;
- Fotolia LLC, New York: DX Seite 4, 36; Eric Isselée Seite 73; Günter Menzl Seite 3, 8; Harald07 Seite 44; Marcito Seite Umschlag, 101; Marina Lohrbach Seite 65; Mikael Damkier Seite 3; paul hampton Seite 5, 72; Richard Carey Seite 6, 84; Smileus Seite 4, 45; TheSupe87 Seite 6, 100; tinadefortunata Seite 64;
- Getty Images, München: Minden Pictures/Gerry Ellis Umschlag; Stone/Michael Kelley Umschlag;
- iStockphoto, Calgary, Alberta: AtlasImages Seite 6, 104; cdascher Seite 85; RapidEye Seite 65; richcano Seite 5, 68; scibak Seite 5, 57; technotr Seite 6, 92; vbanh Seite 97; WEKWEK Seite 3, 24;
- shutterstock, New York, NY: azaphoto Seite 4, 40; CHEN WEI SENG Seite 40; Dmitry Kalinovsky Seite 88; Evlakhov Valeriy Seite 25; grafvision Seite 49; JULIE LUCHT Seite 41; Luis Louro Seite 32; Michael Stokes Seite 41; Natursports Seite 100; Petur Asgeirsson Seite 4, 49; worldswildlifewonders Seite 4, 32

Sollte es in einem Einzelfall nicht gelungen sein, den korrekten Rechteinhaber ausfindig zu machen, so werden berechtigte Ansprüche selbstverständlich im Rahmen der üblichen Regelungen abgegolten.

Illustratorenverzeichnis

Athos Boncompagni, Arezzo Seite 42; Mo Büdinger, Bowling Green Ohio Seite 106; Udo Clormann, Wiesbaden Seite 55; Hungreder, Leinfelden-Echterdingen Seite 38; Steffen Jähde, Sundhagen Seite 98; Axel Kempf Kreaktor GmbH Seite 86; Klett-Archiv, Stuttgart Seite 23; Sven Leberer, Altenberge Seite 102; Katja Leuschner, Halle/S. Seite 62; David Norman, Meerbusch Seite 15; Jörg Mair, München Seite 70; Katrin Oertel, Münster Seite 67; Sven Palmowski, Barcelona Seite 50, 58, 71, 83; Katja Rau, Fellbach Seite 11, 19, 34, 46, 74, 78, 90, 94

Bibliografische Information der Deutschen Nationalbibliothek
Die Deutsche Nationalbibliothek verzeichnet diese Publikation in der Deutschen Nationalbibliografie; detaillierte bibliografische Daten sind im Internet über http://dnb.d-nb.de abrufbar.

Auflage 4 3 2 | 2014 2013 2012
Die letzten Zahlen bezeichnen jeweils die Auflage und das Jahr des letzten Druckes.

Dieses Werk folgt der neuesten Rechtschreibung und Zeichensetzung.

www.klett.de/lernhilfen
Teamleitung Lernhilfen Grundschule: Susanne Schulz
Redaktion: Dr. Susanne Haverkamp-Balhar
Umschlaggestaltung und Layout: Sabine Kaufmann, Stuttgart
Satz: Swabianmedia, Eva Mokhlis, Stuttgart
Druck: Mediahaus Biering GmbH, München
Printed in Germany
ISBN 978-3-12-949131-7

9 783129 491317

Inhalt

Hallo ______________________________________!
(dein Name)

Du interessierst dich für Rennautos, Fußball oder wilde Tiere? Außerdem möchtest du fit werden im Knacken von Textaufgaben?

Dann ist dieses Buch genau richtig für dich: Hier findest du tolle Fotoseiten mit spannenden Informationen sowie interessante Textaufgaben zu deinen Lieblingsthemen. Such dir einfach ein Thema aus, und los geht's!

So übst du mit dem Buch:

Spannende Fotoseiten laden dich zum Stöbern und Staunen ein. Lies dir diese Seiten gut durch, denn vieles hiervon hilft dir beim Lösen der Textaufgaben.

> **3** Der ICE-1 ist mit 8 Waggons der 2. Klasse und 528 Fahrgästen voll besetzt. Wie viele Sitzplätze gibt es in einem Waggon der 2. Klasse? Rechne halbschriftlich.
>
> Rechnung:
>
> Antwort: ______________________

Löse die Textaufgaben. Für manche Aufgaben benötigst du zum Rechnen ein extra Blatt.
Kontrolliere anschließend deinen Lösungsweg mit den Lösungen, die du ab Seite 108 findest.

> - Bei der schriftlichen Addition und Subtraktion musst du auf stellengerechtes Untereinanderschreiben achten.
> - Bei Kommazahlen kannst du dich an den Kommas orientieren. Sie müssen immer genau untereinanderstehen.
> - Erinnere dich an die verschiedenen Verfahren zur schriftlichen Subtraktion. Wende das an, welches du gelernt hast und beherrschst.
>
> 324 − 135 = 189   oder   324 − 135 = 189

Die Regeln in den blauen Kästen helfen dir, dich an das Wichtigste zu erinnern.

> **Geheim TIPP**
> Bei der schriftlichen Addition kannst du entweder alle Summanden gleichzeitig addieren oder dir die Arbeit in kleinere Teilaufgaben aufteilen.

Die Tipps verraten dir zusätzliche Kniffe und Eselsbrücken.

Und jetzt: Viel Spaß beim Entdecken und Üben!

Flugzeuge

Das größte Flugzeug der Welt
Das größte Flugzeug der Welt ist die Antonow An-225: ein russisches Frachtflugzeug, das im Dezember 1988 seinen Erstflug hatte. Von diesem Modell wurden nur zwei gebaut, wobei das zweite Modell nie fertig gestellt wurde. Die Ausmaße dieses Giganten der Lüfte sind wahrlich erstaunlich.

Erstaunliche Ausmaße
Die Antonow An-225 hat eine Höhe von rund 18 Metern und eine Länge von rund 85 Metern. Ihr Gewicht beträgt 175 Tonnen. Die Flügelspannweite beträgt rund 88 Meter. Auch die Flügelspannweite der Heckflügel ist mit etwa 33 Metern sehr groß. Trotz ihres Gewichtes kann die Antonow An-225 mit einer Spitzengeschwindigkeit von 850 km/h sehr schnell fliegen. Sie hat ein maximales Startgewicht von 600 Tonnen und schafft eine maximale Flughöhe von 11 000 Metern.

Rekorde
Die Antonow An-225 hält auch einige Rekorde. Am 16. Juni 2004 transportierte die Maschine eine Öl-Pipeline-Ausrüstung mit einem Gewicht von 247 Tonnen. Am 11. August 2009 brachte ihr der Transport eines 190 Tonnen schweren Generators einen Eintrag ins Guinness-Buch der Rekorde für den schwersten Einzeltransport aller Zeiten.

Wusstest du schon, ...?

... dass die Antonow An-225 gebaut wurde, um die russische Raumfähre Buran zu transportieren?
... dass der Laderaum der Antonow An-225 so groß ist, dass acht Doppeldeckerbusse oder der komplette Rumpf der Boeing 737 darin Platz finden würden?

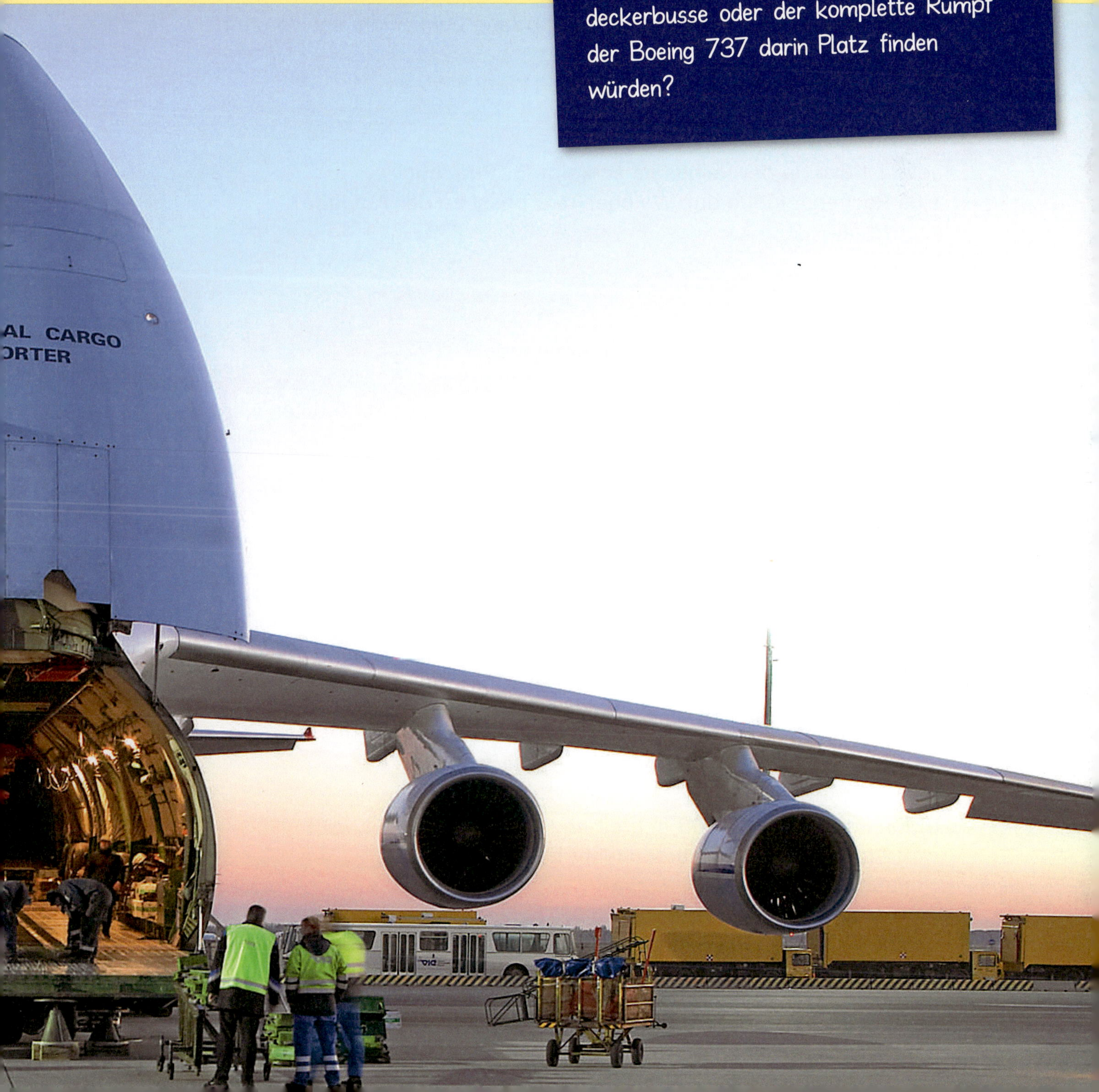

1 Paul hat die Informationen über die Antonow An-225 gelesen und seiner Schwester Eva folgende Rechenaufgabe gestellt:

$$175 + 247 =$$

Welcher Text passt zu dieser Aufgabe? Kreuze an!

a) Wie hoch ist das maximale Startgewicht der Antonow An-225? ☐

b) Wie hoch ist die maximale Flughöhe der Antonow An-225? ☐

c) Wie schwer war das Flugzeug mit Ladung bei seinem größten Transport? ☐

d) Wie schwer war das Flugzeug mit Ladung bei seinem schwersten Einzeltransport? ☐

2 Jetzt ist Eva an der Reihe. Sie schreibt für Paul auch eine Rechenaufgabe auf. Welcher Text passt zu der Aufgabe? Kreuze an!

$$88 : 2 =$$

a) Wie lang sind 2 Flugzeuge hintereinander? ☐

b) Wie lang wäre das Flugzeug, wenn man es in der Mitte teilen würde? ☐

c) Wie lang ist ein Flügel des Flugzeugs? ☐

d) Wenn ich **88 : 2** rechne, habe ich die Spannweite der Heckflügel herausgefunden! ☐

3 Paul möchte nun wissen, ob man mit den Informationen aus dem Text folgende Fragen beantworten kann:

	Ja	Nein
a) Wann war der Erstflug der Antonow An-225?	☐	☐
b) Ein Fußballplatz ist 68 m breit und 105 m lang. 2 Antonow An-225 würden nicht auf einen Fußballplatz passen.	☐	☐
c) Wie sind die Maße (Länge, Breite, Höhe) des Frachtraums der Antonow An-225?	☐	☐

4 Paul macht folgende Aussage: „Wenn wir die 425 km von Köln nach Hamburg fahren, um Omi und Opi zu besuchen, kann ich dir genau sagen, wie lange die Antonow An-225 für die Strecke brauchen würde, wenn sie mit Höchstgeschwindigkeit fliegt!" Wie hat Paul gerechnet?

Geheim TIPP

Im Text steht die Angabe *km/h*. Das bedeutet *Kilometer (km) pro Stunde (h)*. Wenn ein Auto 50 km/h schnell ist, dann fährt es in einer Stunde (h) 50 Kilometer (km) weit.

Rechnung:

Antwort: ______________________________

____

Normalerweise sollst du dir bei Textaufgaben ja eine Rechnung überlegen. Hier steht oft schon die Rechnung, und du musst mithilfe der Informationen aus dem Text überlegen, welcher Text zu den Aufgaben passt. Beachte dabei folgende Hinweise:

- Schau dir den Text und die Sachinformationen zur Antonow An-225 sehr genau an. Lies den Text mehrmals, und markiere die wichtigsten Informationen im Text.
- Prüfe, ob die Zahlenangaben in den Rechenaufgaben auch in den Aufgabentexten vorkommen.
- Prüfe, ob die Fragen sinnvoll sind.

Fußball

Vorläufer des Fußballspiels
Die Vorläufer des Fußballspiels liegen weit zurück. Im 2. Jahrtausend vor Christus wurde im damaligen China ein fußballähnliches Spiel gespielt. Es diente zur Ausbildung der Soldaten und war wohl viel härter als das heutige Fußballspiel.

Ein weltweit beliebter Sport
Als Mutterland des Fußballs gilt England. Hier wurden im 19. Jahrhundert auch die ersten Regeln aufgestellt. Inzwischen ist Fußball weltweit eine der beliebtesten Sportarten. Laut Angaben des Weltfußballverbandes FIFA spielten im Jahre 2006 über 265 Millionen Menschen in über 200 Ländern Fußball.

Die Deutsche Meisterschaft
Borussia Dortmund hat die Meisterschaft in der Saison 2010/2011 gewonnen. Für Dortmund war das der siebte Meisterschaftstitel. Um den Rekordhalter FC Bayern München einzuholen, müssen sie sich aber noch an-strengen. Der FC Bayern München gewann schon über 20 Mal die Deutsche Meisterschaft.

Wusstest du schon, ... ?

... dass das größte Bundesligastadion der „Signal Iduna Park" in Dortmund ist? Dort finden bis zu 80 720 Zuschauer Platz.

1 Max geht mit seiner Fußballmannschaft zum Topspiel Borussia Dortmund gegen FC Bayern München ins Stadion. Sie haben 9 Karten. Welche Plätze sind noch frei? Trage alle fehlenden Sitzplatznummern richtig ein.

515		517		
	526			529
	536		538	

2 Max' Trainer sitzt weiter entfernt. Er bekommt vom Ordner ein Rätsel gestellt: „Sie sitzen auf einem Platz mit einer geraden Zahl. Sie hat 6 Hunderter, 0 Zehner und 4 Einer.“ Welche Sitzplatznummer ist gemeint?

Antwort: ______________________________

3 Hier siehst du die 3 erfolgreichsten Bundesligatorschützen aller Zeiten:

1. Gerd Müller: 365 Tore
2. Klaus Fischer: 268 Tore
3. Jupp Heynckes: 220 Tore

Übertrage die Torzahlen in die ewige Bestenliste.

Ewige Bestenliste			
Name	**H**	**Z**	**E**
Gerd Müller			
Klaus Fischer			
Jupp Heynckes			

4 Von den 3 besten Bundesligatorschützen aller Zeiten ist heute keiner mehr aktiv. Hier siehst du die Zahl der Tore der besten Bundesligaschützen aus dem April 2011. Trage die Werte auf dem Zahlenstrahl ein.

1. Claudio Pizarro (Werder Bremen): 139 Tore
2. Miroslav Klose (FC Bayern München): 120 Tore
3. Mario Gomez (FC Bayern München): 92 Tore

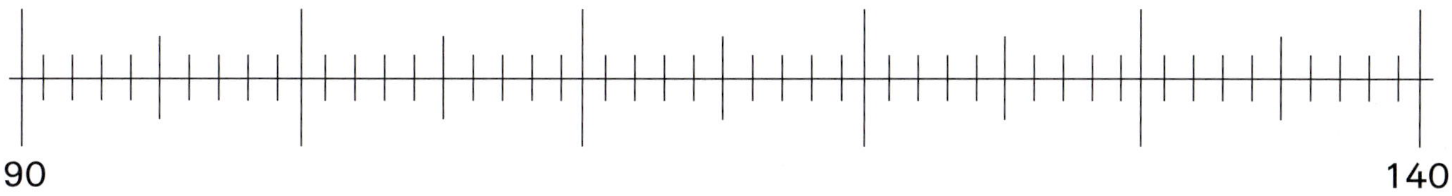

Um dich im Zahlenraum zurechtzufinden, können dir Zahlentafeln, Stellenwerttafeln und der Zahlenstrahl helfen:

- Schau dir die eingetragenen Zahlen auf **Zahlentafeln** genau an, und überlege, wie die Vorgänger und die Nachfolger der Zahl heißen. Zahlen, die direkt übereinanderstehen, haben immer einen Unterschied von 10. Nach oben werden es 10 weniger, nach unten 10 mehr.
- Auf einer **Stellenwerttafel** kannst du jeder Zahl einen Stellenwert zuordnen. Beispiel: 1 Hunderter (H), 2 Zehner (Z) und 4 Einer (E) ergeben die Zahl 124.
- Man kann Zahlen ihrer Größe nach auf einer Linie anordnen. Eine solche Linie nennt man **Zahlenstrahl**. Dabei werden die Zahlen von links nach rechts immer größer. Die Abstände zwischen den Zahlen sind immer gleich groß. Man nennt sie Einheiten. Nicht immer ist jede einzelne Zahl an einem Zahlenstrahl dargestellt. Manchmal ist er in größere Einheiten unterteilt, zum Beispiel in Zehner oder Hunderter.

American Football

Ein gefährlicher Sport
Mit einer fast 150-jährigen Geschichte war American Football früher viel gefährlicher als heute. Die Spieler hatten keine Schutzausrüstung, und als es im Jahr 1905 in Folge von Spielunfällen 18 Tote zu beklagen gab, entschied der damalige amerikanische Präsident Regeländerungen zum Schutz der Spieler. Aber auch heutzutage ist die Sportart noch sehr hart, und es gibt viele Verletzungen.

Eine Nationalsportart
American Football ist neben Baseball und Basketball die amerikanische Nationalsportart. Der amerikanische Meister wird im *Super Bowl* ermittelt. Dieses Finalspiel wird weltweit übertragen und ist ein riesiges Medienereignis.

Wusstest du schon, ...?
... dass du in amerikanischen Zeitungen nicht nur die Spielergebnisse lesen kannst, sondern auch eine Übersicht über die aktuellen Verletzungen der Heimmannschaft bekommst?

Worum geht es?
Im Verlauf eines Spiels versuchen zwei Mannschaften aus je elf Spielern, den Spielball in die gegnerische Endzone zu bringen. Dabei gibt es Verteidigungs- und Angriffsspezialisten. Diese werden jeweils von speziellen Trainern in Taktik und verschiedenen Spielzügen unterrichtet.

1

American Football ist ein harter Sport, der von kräftigen Männer gespielt wird. Die schwersten Spieler der *Green Bay Packers* sind Howard Green mit 154 kg und B.J. Raji mit 152 kg. Wie viel wiegen beide zusammen?

Rechnung:

Antwort: ______________________________

2

Der schwerste aktive Fußballbundesligaspieler im Jahr 2011 ist Daniel von Buyten vom FC Bayern München mit 96 kg. Howard Green ist mit 154 kg viel schwerer. Rechne die Differenz aus.

Rechnung:

Antwort: ______________________________

3

Ziel des Spiels beim American Football ist es, den Spielball in die gegnerische Endzone zu bringen. Das nennt man einen *Touchdown*. Der Spieler mit den bislang meisten *Touchdowns* ist Jerry Rice mit 208. In der Saison 2009/2010 kam Terrell Owens auf 131 *Touchdowns*. Wie viele *Touchdowns* braucht er noch, um den Rekord einzuholen? Berechne die Differenz.

Rechnung:

Antwort: ______________________________

4 Ein Kleinwagen wiegt ungefähr 1000 kg.
Die Verteidiger der *Pittsburgh Steelers* sind auch sehr schwer.
Wiegen sie mehr oder weniger als der Kleinwagen?
Berechne den Unterschied.

Name	Gewicht
Max Starks	156 kg
Flozell Adams	153 kg
Ramon Foster	147 kg
Jonathan Scott	144 kg
Willie Collon	143 kg
Tony Hills	137 kg

Rechnung:

Antwort: ______________________________

____

Bei den schriftlichen Rechenverfahren rechnest du sicher, wenn du folgende Punkte beachtest:

- Schreibe die Zahlen stellengerecht untereinander.
- Als Hilfe kannst du dir die Buchstaben H (Hunderter), Z (Zehner) und E (Einer) über die Stellen der Zahlen schreiben.
- Vergiss nie den Übertrag. Am besten notierst du ihn dir.
- Beim Addieren darfst du die Zahlen vertauschen, beim Subtrahieren nicht.
- Der Text „sagt“ dir, ob du addieren oder subtrahieren musst. Lies also genau!
- Wende das Subtraktionsverfahren an, das du in der Schule gelernt hast.

Ameisen

Ameisen leben in Völkern
Ameisen zählen zu den sozialen Insekten, da sie nicht als Einzelgänger, sondern in Völkern mit bis zu einer Million Tieren leben.

Der Ameisenstaat
In einem Ameisenstaat werden die Aufgaben geteilt. Die Königinnen legen die Eier. Die Arbeiterinnen haben unterschiedliche Aufgaben: Wächterinnen überwachen die Ausgänge. Bauarbeiterinnen reparieren und erweitern das Nest. Nahrungssucherinnen jagen Insekten oder schaffen das Fleisch toter Tiere heran. Die Pflegerinnen schließlich kümmern sich um die Eier der Königinnen.

Wusstest du schon, ... ?

... dass es weltweit über 10 000 verschiedene Ameisenarten gibt?
... dass das Gewicht aller Ameisen dieser Welt größer ist als das Gewicht aller auf der Erde lebenden Menschen?

Welche Ameisen leben bei uns?
In Deutschland findest du die Roten Waldameisen, die Gelben Wiesenameisen und die Schwarzen Wegameisen. Die Roten Waldameisen werden bis zu zehn Millimeter groß und leben als Volk mit etwa 500 000 Artgenossen zusammen. Du kannst ihre Bauten gut in Nadelwäldern finden.

Ameisen

1 Eine Ameisenkönigin wird 5 bis 7 Jahre alt.
Sie legt pro Tag etwa 50 Eier. Wie viele Eier legt sie in einer Woche? Fülle die Tabelle aus.

Tage	1	2	3	4	5	6	7
Eier	50						

Geheim TIPP

1 Woche hat 7 Tage.

2 Weißt du auch, wie viele Eier die Ameisenkönigin in 2 Wochen legt? Rechne aus!

Rechnung: ______________________________

Antwort: ______________________________

____

3 Ein Ameisenvolk ist riesig. Lukas' Vater ist Förster und erklärt:
„In einem Ameisenhügel von 1 Meter Höhe und einem Umfang von 10 Schritten leben ungefähr 1 Million Arbeiterinnen und 2 000 Königinnen.
Alle Ameisen zu zählen, dauert zu lange. Versuche es mit Verdoppeln.
Rechne so: $1 + 1 = 2$
$2 + 2 = 4$
$4 + 4 = 8$ usw. So wird man Verdopplungsweltmeister."

Wie geht es weiter? Kannst du Lukas helfen?
Verdopple auf einem extra Blatt so weit, wie du kannst!
Bis zu welcher Ergebniszahl kommst du?

Antwort: ______________________________

____

4 Lukas erzählt in seiner Klasse: „Durchs Ameisenzählen habe ich auch Malnehmen gelernt. Du musst nur verdoppeln, halbieren und addieren können.
Ich zeige euch ein Beispiel: $1 \cdot 400 = 400$
$2 \cdot 200 = 400$
$4 \cdot 100 = 400$

Könnt ihr mir sagen wie die nächsten beiden Aufgaben heißen?“

Rechnung:

Antwort: ______________________________

____

Für die Bearbeitung der Aufgaben musst du folgende Punkte beachten:

- Fang beim Verdoppeln mit 1 an, und verdopple das Ergebnis, so weit du kannst. Rechne so: $1+1 = 2$; $2+2 = 4$; $4+4 = \ldots$
  Bei großen Zahlen kannst du auch schriftlich addieren.
  Beachte: Du kannst überprüfen, ob du richtig verdoppelt hast, indem du dein Ergebnis durch 2 teilst.
  Beispiel: $16 + 16 = 32$ und $32 : 2 = 16$

- Halbieren heißt, eine Zahl durch 2 zu teilen.
  Beispiel: Die Hälfte von 18 ist 9, denn $18 : 2 = 9$

Züge

Der Bahnverkehr früher und heute
Die Anfänge des Bahnverkehrs liegen im 19. Jahrhundert. Damals gab es Dampflokomotiven, die noch mit Kohle angetrieben wurden. Inzwischen ist man technisch viel weiter, und die Züge werden elektrisch betrieben.

Güterzüge
Im Güterverkehr werden Züge benutzt, um Waren zu transportieren. Güterzüge sind meist sehr lang. Der bisher längste Güterzug fuhr im Jahr 2001 eine Strecke von 275 Kilometern durch Australien. Mit acht Lokomotiven und 682 Waggons hatte er eine Länge von rund sieben Kilometern.

Der ICE
Der schnellste in Deutschland betriebene Zug ist der Intercity-Express (ICE). Er ist mit 330 km/h schneller als die meisten Autos. So sollen die Fahrgäste in kurzer Zeit an ihr Ziel kommen. Schneller ist nur der französische TGV mit 515 km/h.

Wusstest du schon, ...?

... dass der stärkste Güterzug der Welt in Deutschland gebaut wurde? Der IORE, das so genannte „blaue Monster", transportiert nördlich des Polarkreises Eisenerz. Mit 14 000 PS kann er mehr als 8 000 Tonnen ziehen – und das auch bei einer Temperatur von mehr als –40 °C.

1 Der Intercity-Express ist der schnellste Zug der Deutschen Bahn. Er kann 330 km/h schnell fahren. Wie weit könnte er in 3 Stunden fahren? Rechne halbschriftlich.

Rechnung:

Antwort: ______________________________

____

Geheim TIPP

km/h bedeutet *Kilometer pro Stunde*. Die Zahl davor gibt an, wie viele Kilometer ein Fahrzeug in einer Stunde zurücklegen kann.

2 Der schnellste Zug der Welt ist der französische TGV. Er kann auf gerader Strecke 515 km/h schnell fahren. Wie weit könnte er bei einer Durchschnittsgeschwindigkeit von 490 km/h in 2 Stunden fahren? Rechne halbschriftlich.

Rechnung:

Antwort: ______________________________

____

3 Der ICE-1 ist mit 8 Waggons der 2. Klasse und 528 Fahrgästen voll besetzt. Wie viele Sitzplätze gibt es in einem Waggon der 2. Klasse? Rechne halbschriftlich.

Rechnung:

Antwort: ______________________________

4 Jetzt wird es noch kniffliger. Der ICE-3 ist mit 4 Waggons der 2. Klasse sowie 2 Waggons der 1. Klasse und insgesamt 354 Fahrgästen voll besetzt. Im Waggon der 1. Klasse gibt es 29 Sitzplätze. Wie viele Sitzplätze gibt es in einem Waggon der 2. Klasse? Rechne halbschriftlich.

Rechnung:

Antwort: ______________________________

Bei der halbschriftlichen Multiplikation und Division machst du aus großen Mal- und Geteiltaufgaben kleinere Aufgaben.

- Bei der halbschriftlichen Multiplikation zerlegst du die größere Zahl in ganze Zehner und Einer und addierst am Schluss die Teil-Ergebnisse.

  Beispiel: $\underline{9 \cdot 15 = 135}$
  $9 \cdot 10 = 90$
  $9 \cdot 5 = 45$

- Zerlege auch beim halbschriftlichen Dividieren die Zahl, die du teilen sollst, so dass du die einzelnen Teile leicht dividieren kannst. Addiere auch dann wieder die Teil-Ergebnisse.

  Beispiel: $\underline{384 : 6 = 64}$
  $300 : 6 = 50$
  $60 : 6 = 10$
  $24 : 6 = 4$

Worum geht es?

Wasserball ist eine harte Mannschaftssportart und ein dem Handball und Rugby ähnliches Ballspiel im Wasser. Eine Mannschaft besteht aus einem Torwart und sechs Feldspielern. Ziel ist es, durch Zupassen und Freischwimmen den Ball in das gegnerische Tor zu werfen.

Entstehung des Wasserballspiels

Entstanden ist das Wasserballspiel in England. Im Jahr 1885 wurde diese Sportart durch den englischen Schwimmverband anerkannt. Heute sind die erfolgreichsten Wasserballnationen Ungarn und Spanien.

Gute Schwimmer

Wasserballer müssen gute Schwimmer und sehr kräftig sein. Sie spielen im tiefen Wasser und müssen sich beim Wurf oder der Abwehr eines Balles aus dem Wasser hochschrauben. Ist ein Spieler im Ballbesitz, treibt er den Ball im Kraulstil zwischen seinen Armen vorwärts. Es ist dabei für den Feldspieler verboten, den Ball mit zwei Händen gleichzeitig zu berühren.

Wasserball

Wusstest du schon, ... ?

... dass die erfolgreichste deutsche Mannschaft „Wasserfreunde Spandau 04" heißt und aus Berlin kommt? Insgesamt gewannen sie über 30 Mal den deutschen Meistertitel.

1 Max ist begeisterter Wasserballer und sagt zu seinem Freund Tom: „Wir haben in dieser Saison schon ungefähr 100 Gegentore bekommen.“ Welche Toranzahl könnte damit gemeint sein? Kreise alle Möglichkeiten ein!

17 44 32 39 26 98 102

2 Jetzt will Tom es genau wissen. Max sagt: „An der Zehnerstelle unserer Gegentore steht eine Null.“ Wie viele Gegentore hat Max’ Mannschaft genau bekommen?

Antwort: ______________________________

____

3 Tom möchte wissen, wie viele Tore sein Lieblingsverein „Wasserfreunde Spandau 04“ in der letzten Saison geworfen hat. Sein Vater gibt ihm ein Rätsel auf: „Nenne mir die größte Zahl, die auf den Zehner gerundet 220 ergibt. Addiere dann 4 Einer dazu, und du hast die genaue Toranzahl.“

Rechnung: ______________________________

Antwort: ______________________________

____

4 Jan und sein Freund Thomas schauen sich in einer Tabelle die 5 besten Vereine der Saison 2009 an. Jan sagt: „Da muss man nicht lange rechnen. Das sind insgesamt ungefähr 800 Tore.“ Thomas schaut seinen Freund mit großen Augen an: „Wie hast du das so schnell herausbekommen?“ Kannst du die Frage beantworten? Schreibe Jans Rechnung auf.

Nr.	Name	Tore
1	Wasserfreunde Spandau 04	258
2	ASC Duisburg	219
3	SV Bayer 08 Uerdingen	123
4	SG Neukölln Berlin	112
5	SV Würzburg 05	93

Rechnung:

Antwort: ____

____

Du kannst Zahlen zum nächsten vollen Zehner, Hunderter oder Tausender auf- oder abrunden. Gehe dabei so vor:

- Unterstreiche die Zahl, die gerundet werden soll (also Zehner, Hunderter oder Tausender), und sieh dir die Zahl rechts neben der unterstrichenen Zahl an.
- Ist diese Zahl größer als 4 (also 5, 6, 7, 8, 9), rundest du auf. Ist sie kleiner als 5 (also 0, 1, 2, 3, 4), rundest du ab. Die Stellen rechts neben der unterstrichenen Zahl werden zu Nullen.
  Beispiel: Runde die 237 auf
  volle Zehner: 237 → rechts neben der Zehnerstelle steht eine 7 → 240
  volle Hunderter: 237 → rechts neben der Hunderterstelle steht eine 3 → 200
- Beim Schätzen und Überschlagen machst du schwierige Rechnungen einfach. Runde die Zahlen auf glatte Zehner oder Hunderter, dann kannst du schnell rechnen. Beispiel: 318 + 222 = ? Gerundet rechnest du: 320 + 220 = 540, also 318 + 222 ≈ 540

Pfeilgiftfrösche

Lebensraum und Aussehen
Der Pfeilgiftfrosch lebt in Mittel- und Südamerika. Er ist bis zu sechs Zentimeter groß und wiegt etwa vier Gramm. Er zeichnet sich durch seine knallbunten Farben aus.

Gefährlicher Frosch
Anfassen sollte man ihn aber nicht. Durch seine Hautdrüsen kann er ein sehr gefährliches Gift absondern. Beim Menschen kann so eine Vergiftung innerhalb von zwanzig Minuten zum Tode führen.

Giftproduktion
Die Frösche ernähren sich von kleinen Insekten wie Ameisen, Termiten und Käfern. Deren biochemische Stoffe werden in speziellen Drüsen gesammelt und ergeben das Gift. Gibt man Pfeilgiftfröschen ein anderes Futter, so verlieren sie übrigens ihre Giftigkeit.

Feind des Pfeilgiftfrosches
Der Pfeilgiftfrosch hat nur einen natürlichen Feind. Das ist die Goldbauchnatter. Diese Schlange kann das Gift besser vertragen als andere Lebewesen.

Wusstest du schon, ... ?

... dass der Name „Pfeilgiftfrosch" daher kommt, dass in Kolumbien die Choco-Indianer das Gift der Frösche für die Jagd mit Blasrohren benutzen? Sie heben die Frösche auf, indem sie Blätter um sie herumwickeln. Dann tränken sie ihre Pfeile in der Flüssigkeit, die von den Fröschen ausgeschieden wird.

1 Finn möchte zusammen mit seinem Vater ein Terrarium zur Haltung von Pfeilgiftfröschen kaufen. Dazu leert er seine Spardose. Wie viel Geld hat er gespart?

Rechnung:

Antwort: ______________________________

2 Finns Vater sagt: „Auf deinem Sparkonto hast du auch noch Geld. Wir haben dir im letzten Jahr jeden Monat 5 € überwiesen.“
Wie viel Geld hat Finn auf seinem Sparkonto, und wie viel hat er mit dem Geld aus der Spardose zusammen?

Rechnung:

Antwort: ______________________________

____

3 Finns Vater hat in einer Tierhandlung ein Terrarium für 430 € gefunden. Er ist überrascht, als Finn sagt: „Viel zu teuer, Papa. Ich habe das gleiche Terrarium im Internet 70,50 € billiger gefunden.“ Wie viel kostet das Terrarium dort?

Rechnung:

Antwort: ______________________________

____

____

4 Finns Vater ist stolz auf seinen Sohn: „Das hast du toll gemacht. So sparen wir 70,50 €. Aber beantworte mir eine Frage: Wie viel Geld muss ich dir denn zu deinem Ersparten noch dazugeben?“ Kannst du Finn helfen?

Rechnung:

Antwort: ______________________________

Beim Rechnen mit Geldbeträgen musst du Folgendes beachten:

- Vor dem Komma stehen die ganzen Euro-Beträge. Hinter dem Komma stehen die Cent-Beträge.
- Achte beim schriftlichen Addieren und Subtrahieren mit Geldbeträgen auf das Komma.
- Für Maßumwandlungen gilt:

100 ct = 1,00 € = 1 €
10 ct = 0,10 €
1 ct = 0,01 €

Dinosaurier

Das Aussterben der Dinosaurier
Die Wissenschaftler sind sich nicht einig, warum die Dinosaurier vor 65 Millionen Jahren ausgestorben sind. Am wahrscheinlichsten ist, dass ein Meteorit auf der Erde eingeschlagen ist und durch seine Aschewolke den Himmel verdunkelt hat. Dadurch schien das Sonnenlicht schwächer, der Pflanzenwuchs ließ nach, und den Pflanzenfressern fehlte die Nahrungsquelle.

Das Zeitalter der Dinosaurier

Die Entwicklungsgeschichte unserer Erde gliedert sich in ein altes, ein mittleres und ein neues Zeitalter. Das mittlere Zeitalter wird Mesozoikum genannt und gilt als Zeitalter der Dinosaurier. Dinosaurier heißt wörtlich übersetzt „schreckliche Echse“. Die ersten Dinosaurier bevölkerten vor 225 Millionen Jahren die Erde. Vor 65 Millionen Jahren starben sie aus.

Der Tyrannosaurus rex

Der Tyrannosaurus rex war die schrecklichste aller Echsen. Er lebte vor ungefähr 68 bis 65 Millionen Jahren in der Kreidezeit. Er war Fleischfresser und mit einer Länge von bis zu 14 Metern ein wahrer Gigant. Wenn er aufrecht stand, war er fünf Meter groß. Er war auch schnell und konnte zehn bis elf Meter in der Sekunde laufen. Der Tyrannosaurus rex hatte einen riesigen Schädel, der bis zu 1,50 Meter groß war.

Wusstest du schon, ... ?

... dass beim Tyrannosaurus rex die Zähne nachwuchsen, falls beim Zubeißen ein Zahn abbrach?

... dass die Reißzähne des Tyrannosaurus rex sehr scharf und ziemlich lang waren? Der größte gefundene Zahn wird mit der Zahnwurzel auf eine Länge von 30 Zentimetern geschätzt.

1 Bei einer Ausgrabung wurde eine Tyrannosaurus-rex-Familie gefunden. Das Männchen hat eine Körperlänge von 13 m 50 cm, das Weibchen ist 12 m und das Jungtier 7 m 6 cm lang. Die Archäologen müssen in ihrer Tabelle alles genau notieren. Hilf ihnen dabei.

Tyrannosaurus rex	m	cm	Kommazahl
Männchen			
Weibchen			
Jungtier			

2 Die Archäologen Frank und Uli streiten sich. Frank sagt: „Der Zahn meines Tyrannosaurus rex ist mit 185 mm viel länger als deiner!“ „Das stimmt nicht. Der Zahn meines Tyrannosaurus ist 0,21 m lang.“, sagt Uli.
Wer hat recht? Begründe!

Rechnung:

Antwort: ______________________________

____

____

3 Stell dir vor, 3 Tyrannosaurus rex müssten sich zum Schlafen hintereinander in eine Schlucht legen. Welche Länge müsste die Schlucht haben, damit alle hineinpassen? Die Tabelle zeigt dir die Größe der Tiere.

Tyrannosaurus-Herde	Länge
Tyrannosaurus A	12 m 40 cm
Tyrannosaurus B	11 m 60 cm
Tyrannosaurus C	13 m

Rechnung:

Antwort: ______________________________

____

4 Im Jahr 2007 wurde möglicherweise ein neuer Fußabdruck eines Tyrannosaurus rex entdeckt. Der Fußabdruck ist 76 cm lang. Die Füße des kleinen Paul sind 19 cm lang. Wie oft würde Pauls Fuß der Länge nach in den Fußabdruck des Tyrannosaurus rex hineinpassen?

Rechnung:

Antwort: ______________________________

- Für die Bearbeitung der Aufgaben musst du Folgendes beachten:

  10 mm = 1 cm
  1000 mm = 1 m
  100 cm = 1 m

- Achte bei den Rechnungen auf eine sinnvolle Größeneinheit.

Formel 1

Die Königsklasse
Die Formel 1 wird als Königsklasse des Automobilsports bezeichnet. Die Rennautos sind schnell, teuer und auf dem höchsten Stand der Technik.

Ablauf eines Rennwochenendes
An einem Formel-1-Wochenende können die Fahrer in den Freien Trainings zunächst die Rennstrecke kennen lernen. Am nächsten Tag findet die Qualifikation statt. Wer dabei die schnellste Rennrunde fährt, darf beim eigentlichen Rennen auch von der ersten Startposition aus losfahren. Am darauffolgenden Tag beginnt dann das Rennen.

Die Anfänge
Das erste Formel-1-Rennen fand im Jahr 1950 in England statt. Damals konnten die Autos auch schon eine Spitzengeschwindigkeit von 280 km/h erreichen. Die Rennautos waren aber viel weniger gegen Unfälle geschützt. So kam es zwischen 1950 und 1970 zu 20 tödlichen Trainings- oder Rennunfällen.

Wusstest du schon, ... ?

... dass Michael Schumacher mit insgesamt 7 Weltmeistertiteln der Rekordweltmeister ist?
... dass Sebastian Vettel im Jahr 2010 mit 23 Jahren der bis dahin jüngste Formel-1-Weltmeister aller Zeiten geworden ist?

1 Einige Sportwagen können in ein paar Sekunden auf 100 km/h beschleunigen.
Ordne die gemessenen Zeiten, beginne mit der kürzesten.

Corvette Z06: 3,9 s

BMW M6: 4,6 s

Audi RS 4: 4,7 s

Ferrari 599 GTB: 3,7 s

Lamborghini Murcielago LP 640: 3,4 s

Schreibe so: 3,4 s < ______________________

Geheim TIPP

Beachte, dass die Zeiten in Stunden (h), Minuten (min) und Sekunden (s) angezeigt werden.
Beispiel: 2:34:08 = 2 Stunden, 34 Minuten und 8 Sekunden.

2 Die Anzeigentafel bei einem Formel-1-Rennen ist kaputtgegangen. Kannst du die Rennergebnisse in der richtigen Reihenfolge eintragen?

Sebastian Vettel 1:37:03

Lewis Hamilton 1:36:58

Mark Webber 1:37:05

Nico Rosberg 1:37:11

Jenson Button 1:37:08

Nr.	Name	Zeit
1		
2		
3		
4		
5		

3 Das 4. Rennen der Saison 2011 fand am 08.05.2011 in Istanbul statt. Das 5. Rennen fand am 22.05.2011 in Barcelona statt. Wie viele Wochen und Tage liegen zwischen den beiden Rennen?

Rechnung:

Antwort: ______________________________

____

4 Ein Formel-1-Rennauto schafft eine Spitzengeschwindigkeit von 360 km/h. Das heißt, dass es in 1 Stunde 360 Kilometer weit fahren kann. Finde heraus, wie viele Kilometer es in 1 Minute fährt! Findest du auch heraus, wie weit es in 1 Sekunde fährt?

Rechnung:

Antwort: ______________________________

____

- Um die Aufgaben zu bearbeiten, musst du wissen, wie die Zeiten abgekürzt werden und wie sie gestaffelt sind.
  Beachte:
  1 Sekunde – 1 s
  1 Minute – 1 min
  1 Stunde – 1 h

- Es gilt:
  1 min = 60 s
  1 h = 60 min
  1 Tag = 24 h
  1 Woche = 7 Tage

Bagger und

Wie wird man Baggerfahrer?
Sicher hast du schon auf einer Baustelle einen Bagger gesehen. Den darf nicht jeder fahren, denn Baggerfahren muss man lernen. Nach einer dreijährigen Ausbildung und einer erfolgreichen Prüfung ist man dann Baugeräteführer.

Baumaschinen und Werkzeuge
Auf der Baustelle kommen noch viele andere große Geräte wie etwa der Baukran oder der Betonmischer zum Einsatz. Die Bauarbeiter haben oft einen Werkzeuggürtel um. So haben sie die benötigten Werkzeuge stets griffbereit.

Verschiedene Bagger
Es gibt unterschiedlich große Bagger. Wenn ein normales Einfamilienhaus gebaut wird, benutzt man Raupenbagger oder Radlader. Man braucht sie, um das Loch für den Keller auszuheben. Wenn der Garten angelegt wird, kommen dann kleinere Bagger zum Einsatz.

Baustellen

Verschiedene Baustellen
Überall wo gebaut wird, entsteht eine Baustelle. Es gibt Häuserbaustellen, Brückenbaustellen oder Straßenbaustellen. An einigen Baustellen wird rund um die Uhr gearbeitet, auch in der Nacht. Das sind dann so genannte Dauerbaustellen.

Wusstest du schon, ...?

.... dass der größte Bagger der Welt in Garzweiler in Nordrhein-Westfalen steht? Er wird im Tagebau eingesetzt und ist gigantisch. Er ist 216 Meter lang und 96 Meter hoch. Das ist fast doppelt so lang wie ein Fußballplatz und so hoch wie ein Hochhaus.

Bagger und Baustellen

1 Bauarbeiter Bruno räumt die Baustelle auf. Dabei muss er allerhand Werkzeuge und Baumaschinen an ihren alten Platz bringen. Kannst du die Gewichtsangaben richtig einordnen?

300 g

26 kg

3 t

60 kg

12 t

Hammer	Standbetonmischer	Bagger	Kran	Schubkarre

Geheim TIPP

Um ein Gefühl dafür zu kriegen, wie schwer etwas ist, musst du Gegenstände wiegen, am besten mit einer Küchenwaage. Gib zuerst einen Tipp ab, und wiege dann den Gegenstand.

2 Wie viel wiegen die Baustellengeräte? Schreibe die Gewichte in die Tabelle!

Baustellengerät	1 t	100 kg	10 kg	1 kg	Gewicht
Minibagger	1	7	0	0	
Kettenbagger	14	0	0	0	
Schleifmaschine	0	0	6	5	
Vorschlaghammer	0	0	1	3	

3

Bruno muss mit seinem Bagger ein Haus abreißen.
Der Bagger wiegt 3 t. Mit der Ladung wiegt er 3,545 t.
Wie viel wiegt die Ladung?

Rechnung: ______________________________

Antwort: ______________________________

4

Der Lkw mit den Zementsäcken ist gekommen.
Leider ist der Kran kaputt. Jetzt muss Bruno die
9 Zementsäcke alleine schleppen. Insgesamt
lädt er 450 kg ab.

Frage: ______________________________

Rechnung:

Antwort: ______________________________

- Gewichte misst man in Gramm (g), Kilogramm (kg) und Tonnen (t).
  Dabei gilt:
  1 000 g = 1 kg
  1 000 kg = 1 t

- Du kannst ein Gewicht von mehr als 1 kg in kg und g getrennt aufschreiben oder zwischen Kilogramm und Gramm ein Komma als Trennzeichen einsetzen. Beispiel: 4 kg 128 g = 4,128 kg.

Ziel des Spiels
Handball ist eine der härtesten Mannschaftssportarten. Zwei Teams mit je sieben Feldspielern treten gegeneinander an. Gespielt wird zweimal 30 Minuten. Ziel ist es, den Ball in das Tor des Gegners zu werfen.

Wichtige Regeln
Handball ist ein härterer Sport als Fußball. Körperkontakt ist grundsätzlich erlaubt. Der Gegenspieler darf geblockt werden. Regelverstöße sind unter anderem den Ball wegzureißen, den Gegner festzuhalten oder wegzustoßen. Bei schwerem Foulspiel kann der Schiedsrichter eine Zeitstrafe aussprechen. Dann muss der Spieler für zwei Minuten auf die Bank.

Handball

Der Torwart
Der Handballtorwart muss besonders mutig sein. Er muss Würfe von fast 130 Stundenkilometern abwehren. Dabei tragen die Torwarte außer einem Tiefschutz keine weitere Schutzkleidung. Vor ihrem Tor machen sie sich besonders groß, um die Bälle abzuwehren.

Wusstest du schon, ...?
... dass die Sportart Handball in Großbritannien im Gegensatz zum Fußball fast unbekannt ist?

Hier siehst du die ersten 5 Mannschaften der Bundesligatabelle 2010/2011 vom 9. April 2011. Schau sie dir genau an, und beantworte die folgenden Fragen. Im Regelkasten ist erklärt, wie du die Tabelle lesen musst.

Platz	Verein	Spiele	G	U	V	Diff.	Tore	Punkte
1.	HSV Hamburg	28	25	2	1	+177	901:724	52: 4
2.	THW Kiel	29	23	1	5	+214	941:727	47:11
3.	Rhein-Neckar Löwen	29	22	3	4	+115	942:827	47:11
4.	Füchse Berlin	27	19	3	5	+ 55	752:697	41:13
5.	Frisch Auf Göppingen	29	18	4	7	+ 49	806:757	40:18

1 Welche Mannschaft hat die meisten Tore geworfen, welche hat die wenigsten Tore geworfen?

Antwort: ______________________________

____

____

2 Welche Mannschaft hat die wenigsten Unentschieden?

Antwort: ______________________________

3 Für einen Sieg bekommt man 2 Punkte, für ein Unentschieden 1 Punkt. Es gibt 34 Spiele. Welche Mannschaften können noch Meister werden? Begründe, und notiere deine Antwort auf einem extra Blatt.

4 Das Diagramm auf der nächsten Seite zeigt die 7 Torhüter, die in der Saison 2010/2011 bis zum 9. April die meisten Bälle gehalten und damit die meisten Paraden gemacht haben.

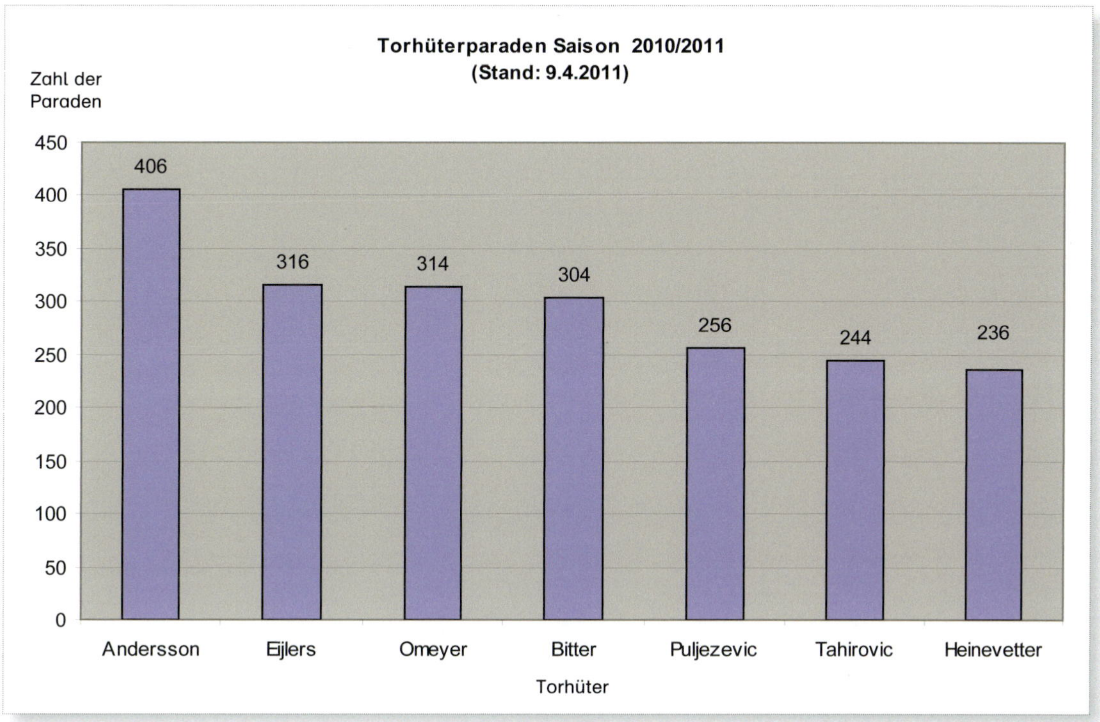

Zwischen welchen beiden nebeneinander platzierten Torhütern ist der Abstand am größten? Kannst du auch ausrechnen, wie viele Paraden dazwischen liegen? Rechne auf einem extra Blatt.

Antwort: ____

____

- So liest du die **Tabelle**: Rechts neben der Mannschaft steht die Anzahl der Spiele. Daneben stehen die gewonnenen Spiele (G), Unentschieden (U) und die Niederlagen (V für „verloren"). In der nächsten Spalte steht die Differenz im Torverhältnis (Diff), die sich aus den geworfenen Toren und den eigenen Gegentreffern ergibt (Tore). Wie du weißt, ist die Differenz das Ergebnis einer Subtraktion.

- So liest du das **Säulendiagramm**: Ein Säulendiagramm zeigt die Zahlen zu einem Thema in einem Bild. Je größer die Zahl, desto höher die Säule. Je kleiner die Zahl, desto kleiner die Säule. Auf der waagerechten Linie (x-Achse) stehen die Namen der Torhüter. Auf der senkrechten Linie (y-Achse) steht die Anzahl der Torwartparaden.

Wale

Meistertaucher
Taten dir im Schwimmbad beim Tauchen schon einmal die Ohren weh? Das ist der Wasserdruck. Pottwale sind wahre Meistertaucher. Sie schaffen eine Wassertiefe von zwei bis drei Kilometern. Dort gehen sie auf Jagd nach riesigen Tintenfischen.

Walfang früher und heute
Früher haben viele Menschen vom Walfang gelebt. Das war eine gefährliche Arbeit, denn viele Wale haben sich gewehrt. Das Walfangschiff Essex wurde Anfang des 19. Jahrhunderts von einem Pottwal gerammt und versenkt. Nur wenige überlebten den Angriff. Einige Länder gehen heute noch auf Walfang. Tierschützer protestieren dagegen, damit die Wale nicht aussterben.

Säugetiere im Wasser
Wale sind keine Fische, sondern Säugetiere. Deswegen atmen Wale durch Lungen. Sie können allerdings die Luft viel länger anhalten als wir Menschen. Ein Entenwal schafft das bis zu zwei Stunden.

Wusstest du schon, ...?

... dass der Schwertwal der einzige natürliche Feind des Weißen Hais ist?

1 Tobias' Vater ist Meeresbiologe und forscht über Wale. Tobias hat seine 4 besten Freunde zur Walbeobachtung mitgenommen. Außerdem sind 9 Wissenschaftler an Bord des Schiffes. Auf dem Schiff sind 5 Dreibettzimmer, 6 Zweibettzimmer und 1 Vierbettzimmer frei. Keines der Kinder möchte alleine schlafen. Kein Bett in einem Zimmer darf frei bleiben. Tobias' Freund Ben sagt: „Lasst uns das Vierbettzimmer nehmen!" Max meint: „Wir brauchen in jedem Fall ein Dreibett- und ein Zweibettzimmer!" Wer hat recht? Begründe!

Antwort: ______________________________

____

____

2 Tobias beobachtet eine 5-köpfige Herde Buckelwale und gibt ihnen Namen. Sie heißen Bommel, Fritz, Goliath, Paul und Rudi. Alle Tiere sind unterschiedlich groß. Tobias gibt seinen Freunden die Aufgabe, die Wale ihrer Größe nach zu ordnen.
Dabei erhalten sie folgende Hinweise:

- Goliath ist der größte Wal.
- Paul liegt genau zwischen Fritz und Bommel.
- Fritz ist nicht schwerer als Paul.
- Rudi ist nicht der leichteste Wal.

Hilf Tobias' Freunden. Nutze für deine Überlegungen ein extra Blatt.

Antwort: ______________________________

____

3 Tobias soll seinem Vater helfen, die Herdengröße verschiedener Wale in eine Tabelle einzutragen. „Also, mein Sohn, Blauwale 10, Buckelwale 25, Schwertwale 5, Pottwale 15." Kannst du Tobias helfen?

Wal	Herdengröße
Blauwal	
Buckelwal	
Pottwal	
Schwertwal	

4 Erstelle zu der Tabelle in Aufgabe 3 ein Säulendiagramm.
Hinweis: Auf der y-Achse entspricht 1 cm 5 Walen.

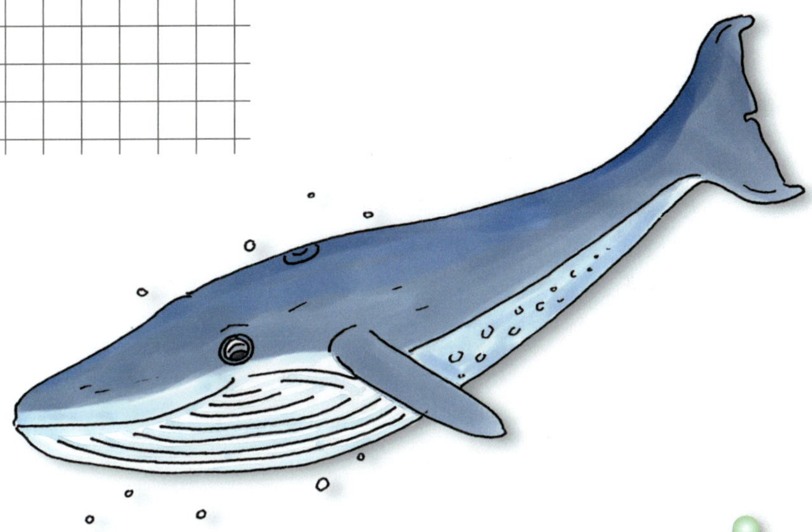

In Aufgabe 4 sollst du selbst ein Säulendiagramm erstellen.
Das ist gar nicht so schwer. Gehe so vor:

- Zeichne zuerst die x-Achse (waagerechte Linie) unten in das Rechenkästchenfeld und dann die y-Achse (senkrechte Linie). Achte darauf, dass die y-Achse die x-Achse auf der linken Seite des Rechenkästchenfeldes schneidet.
- Beschrifte die Achsen. Schreibe unter die x-Achse die Bezeichnung „Wale“, und neben die y-Achse die Bezeichnung „Herdengröße“.
- Jetzt musst du die Achsen skalieren. Da, wo sich beide Linien schneiden, notierst du eine 0. Notiere die Daten auf der y-Achse in 5er-Schritten (5, 10, ...). Notiere auf der x-Achse die Walnamen.
- Sieh dir die Daten der Tabelle genau an. Zeichne mit dem Lineal die Säulen für jeden Wal.

Was ist die ISS?

ISS (sprich: ei es es) bedeutet „International Space Station", also „Internationale Raumstation". Diese Raumstation ist bemannt und dient Forschungszwecken. 350 bis 400 Kilometer über der Erde umkreist die ISS alle 90 Minuten unseren Planeten. Man kann sie mit bloßem Auge als hellen, rasch weiterwandernden Punkt bei klarem Himmel erkennen.

Ein internationales Projekt

Seit November 1998 entwickeln 16 Staaten die ISS immer weiter. Dazu gehören die USA, Kanada, Japan, Russland, Brasilien und elf europäische Staaten – auch Deutschland. Durch neue Module wird die Raumstation vergrößert.

Raumfahrt: Die ISS

Wohnen und arbeiten im All
Seit November 2000 bietet die ISS Astronauten Wohn- und Arbeitsräume im Weltall. Diese „Raummodule“ wurden mit Raketen zur Station transportiert und von den Astronauten montiert.

Wusstest du schon, …?

… dass bereits sieben Touristen auf der ISS zu Besuch waren? Diese Reise kostete sie allerdings auch jeweils 20 Millionen US-Dollar. Das sind in etwa 15 Millionen Euro. Eine Menge Geld für eine Woche Urlaub im All, oder?

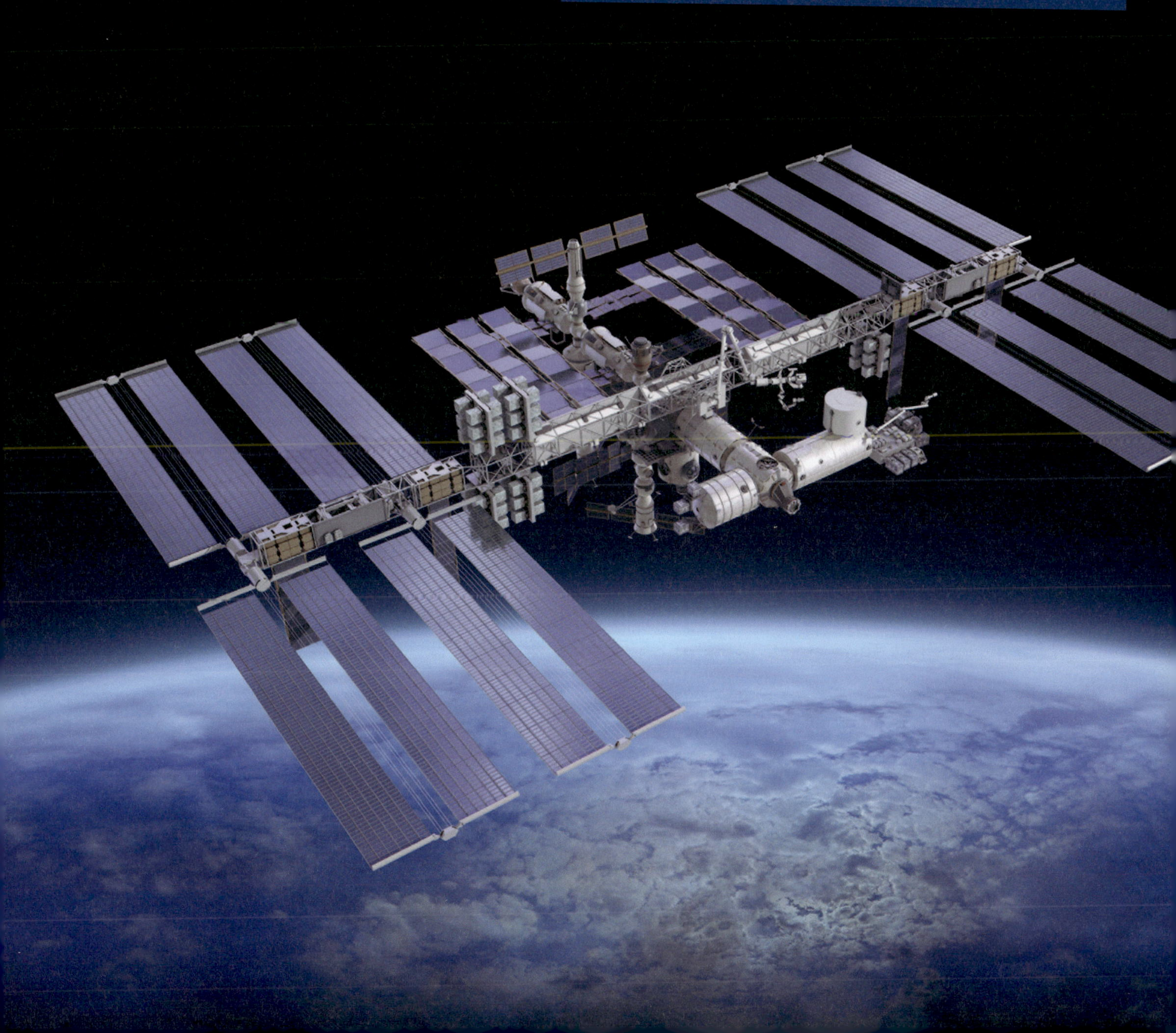

1 Luis hat die Informationen über die Raumstation ISS gelesen und seinem Zwillingsbruder Tim folgende Rechenaufgabe gestellt:

$350 \cdot 1\,000$ m = ______________

Welcher Text passt zu dieser Aufgabe? Rechne, und kreuze an.

a) Berechne die Geschwindigkeit, mit der die ISS die Erde umkreist. ☐

b) In wie viel Kilometern Höhe umkreist die ISS die Erde? ☐

c) Die ISS umkreist die Erde in einer Höhe von mindestens 350 km. Wie viele Meter sind das? ☐

d) Die ISS umkreist die Erde in einer Höhe von höchstens 400 km. Wie viele Meter sind das? ☐

2 Tim schreibt für Luis auch eine Rechenaufgabe auf, und gibt ihm einige Texte zur Auswahl. Rechne, und kreuze den passenden Aufgabentext an.

400 000 m – 350 000 m = ______________

a) Wie groß ist der Unterschied zwischen der größten und der kleinsten Geschwindigkeit der ISS? ☐

b) Wie viel Meter liegen zwischen der höchsten und der niedrigsten Umlaufbahn der ISS um die Erde? ☐

c) Die ISS fliegt in 90 Minuten einmal um die Erde. Wie viel Minuten braucht sie für 350 000 oder 400 000 Umrundungen? ☐

d) Der Unterschied zwischen 400 000 m und 350 000 m ist die Länge der Raumstation ISS. ☐

3 Welcher Text passt zu der Rechenaufgabe 16 – 11 = ____?
Rechne, und kreuze an.

a) Am Raumlabor ISS sind 16 Nationen beteiligt.
Wie viele europäische Länder sind am Projekt ISS beteiligt? ☐

b) Am Raumlabor ISS sind 16 Nationen beteiligt.
Wie viele nicht europäische Länder sind am Projekt beteiligt? ☐

4 Lars stellt folgende Rechnung auf:

1 h = 60 min
1 Tag = 24 · 60 min = 1 440 min
1 440 min : 90 min = ____

Welcher Text passt dazu? Rechne, und kreuze an.

a) Die ISS umkreist die Erde alle 90 min.
Wie lange braucht sie für 10 Umkreisungen? ☐

b) Die ISS umkreist die Erde alle 90 min.
Wie viele Umkreisungen schafft sie an einem Tag? ☐

c) Die ISS umkreist die Erde alle 90 min.
Wie viele Umkreisungen schafft sie in 60 min? ☐

Texte zu fertigen Rechenaufgaben zu finden, ist manchmal knifflig, weil du normalerweise umgekehrt arbeitest. Auf diese Weise aber kannst du dein Textverständnis schärfen:

- Schau dir die Texte und Sachinformationen zur ISS sehr genau an.
- Wenn du die Möglichkeit hast, dich mit jemandem über die Sachinformationen zu unterhalten, erkläre ihm, was du verstanden hast, und frage nach, wenn dir etwas unklar ist.
- Prüfe, ob die Zahlenangaben in den Rechenaufgaben auch in den Aufgabentexten vorkommen.
- Prüfe, ob die Größenangaben in den Rechenaufgaben zur Frage passen.
- Prüfe, ob die Fragen sinnvoll sind.

Krokodile

Was sind Krokodile?
Krokodile sind Fleisch fressende Echsen mit einem starken Rückenpanzer. Sie können je nach Art 1,20 Meter bis 7 Meter lang werden. Dabei wachsen sie fast während ihres ganzen Lebens, allerdings mit zunehmendem Alter immer langsamer. Krokodile sind gute Schwimmer, bewegen sich aber auch an Land geschickt und schnell voran.

Wo leben Krokodile?
Krokodile leben in Flüssen und Seen. Das Salzwasserkrokodil fühlt sich sogar im Meer wohl. Für die Tiere muss es warm sein. Deshalb findet man sie in den tropischen und subtropischen Gebieten unserer Erde.

Krokodileier
Krokodile sind Eier legende Tiere. Ein Nilkrokodilweibchen legt z. B. 20 bis 80 Eier mit einem Gewicht von 85 bis 125 Gramm. Das Ausbrüten übernimmt die Umgebungswärme des Nestes, das die Eier mit Pflanzenteilen umgibt oder – ein wenig vergraben – mit Erde.

Wusstest du schon, ... ?

... dass aus Eiern, die in Nestern mit unter 30 °C ausgebrütet werden, nur Krokodilweibchen schlüpfen, und aus Eiern, die in Nestern mit etwa 34 °C bebrütet werden, nur Krokodilmännchen schlüpfen?

... dass viele Krokodile nur einmal pro Woche fressen? Sie liegen oft wenige Zentimeter unter Wasser (nur die Augen und die Nasenlöcher schauen aus dem Wasser hervor) und lauern geduldig auf Beute.

Gefährdete Jungtiere
Die Jungtiere sind nach dem Schlüpfen besonders stark gefährdet. Erwachsene Krokodile, Warane, Säugetiere und große Vögel machen sich gerne über die Nester und jungen Krokodile her. Etwa 90 Prozent der kleinen Krokodilkinder fallen so den Räubern zum Opfer.

Krokodilzähne
Bei Krokodilen erneuern sich abgenutzte oder ausgefallene Zähne ein Leben lang. 60 bis 70 Zähne haben Krokodile in ihren langen Schnauzen. Mit den längeren Zähnen fangen sie ihre Beute. Sie heißen deshalb auch Reiß- oder Fangzähne.

1 Die 16 Krokodile, die sich auf einer Sandbank im Fluss sonnen, haben zusammen 1040 Zähne in ihren Mäulern. Wenn jedes Tier gleich viele Zähne hätte, wie viele hätten dann 8, 4, 3 Tiere?

Fülle die Tabelle aus:

Anzahl der Krokodile	Anzahl der Zähne
16	1040
8	
4	
3	

Die letzten beiden Zeilen sind frei. Hier kannst du Werte eintragen, die dir bei der Lösung auch hilfreich sein könnten, wenn dir die vorhandenen Angaben nicht reichen.

2 Bis zu 90 % (sprich: neunzig Prozent) der Krokodilbabys fallen Räubern zum Opfer. Das sind 9 von 10 Tieren. Ein Weibchen legt 70 Eier. Wie viele Tiere würden demnach den Räubern bestimmt entgehen?

Überlege weiter:

Antwort: ____

____

3 Forscher finden in einem zerstörten Nest 36 Eier eines Nilkrokodils. Zusammen wiegen sie 3 780 g. Wie viel g wiegen durchschnittlich 1, 2, 5, 7, 9 Eier? Lege eine Tabelle an!

Anzahl der Eier	Gewicht der Eier

Geheim TIPP

Wenn du mehr Zeilen als Hilfe brauchst, nutze den Platz unter der Tabelle.

4 Stell dir vor, 6 gleich große Krokodile liegen immer Schnauze an Schwanz im Rechteck und sonnen sich. Der Umfang des Rechtecks beträgt 13,20 m.
Wie lang ist jedes Krokodil? Welche Seitenmaße hat das Rechteck? Nutze ein extra Blatt für deine Überlegungen.

Antworten: ______________________________

____

____

____

- Wenn du mit den Tabellen oben rechnest, dann gilt: Was du innerhalb der linken Spalte rechnest, musst du auch innerhalb der rechten Spalte rechnen.

Beispiel:

Anzahl der Babykrokodile	Anzahl der Überlebenden
30	3
10	1

:3 (links) :3 (rechts)

Tischfußball

Der Tisch

An den langen Seiten des Tisches sind jeweils vier Metallstangen angebracht, auf denen wiederum insgesamt elf Spielfiguren befestigt sind. Durch Drehen der Stangen können die Spielfiguren eine Kugel schießen und versuchen, sie ins gegnerische Tor zu befördern.

Geschichte

Richtige Tischfußballturniere gibt es noch gar nicht so lange. Im Jahr 1967 wurde die erste Deutsche Meisterschaft am Kickertisch ausgetragen. 1969 wurde dann der Deutsche Tischfußballbund gegründet.

Regeln

Das Regelwerk für Tischfußball ist uneinheitlich. Bei der Deutschen Meisterschaft wird in der Regel mit neun Bällen gespielt. Auf diese Weise kann niemals ein Unentschieden vorkommen. Eine Doppelmannschaft besteht aus zwei Spielern, die dann auch jeweils zwei der vier Stangen bedienen.

Wusstest du schon, … ?

… dass ein Ball, der auf dem Spielfeld liegen bleibt und von keiner Spielfigur mehr berührt werden kann, „toter Ball" heißt?

… dass man in Österreich das Spiel auch „Wuzzeln" nennt?

1 Die führende Mannschaft der 1. Bundesliga, Gruppe B hatte nach 6 Spieltagen 510 Tore geschossen und 372 Gegentreffer kassiert. Am 7. Spieltag hat sie noch einmal 76 Tore erzielt und 59 Tore kassiert. Wie groß war die Tordifferenz nach 7 Spieltagen? Fülle die Kästchen im Rechenbaum aus!

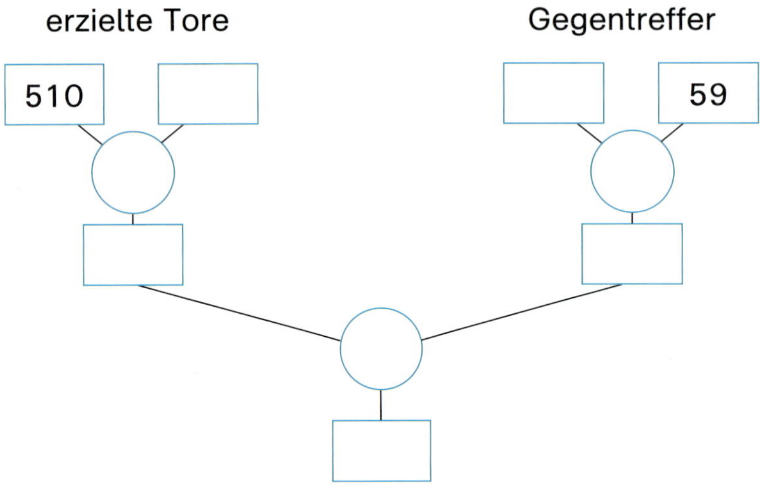

Denke daran: Die Differenz ist das Ergebnis einer Subtraktionsaufgabe.

Antwort: ______________________________

2 Eine andere Mannschaft hatte 3-mal hintereinander immer mit der gleichen Tordifferenz von jeweils 18 Toren gewonnen. Wie viele Tore hat die Mannschaft nach 3 Spieltagen erzielt, und wie viele Gegentreffer hat sie hinnehmen müssen? Fülle die Kästchen im Rechenbaum aus!

1. Spieltag: 78 erzielte Tore
2. Spieltag: 53 Gegentreffer
3. Spieltag: 72 erzielte Tore

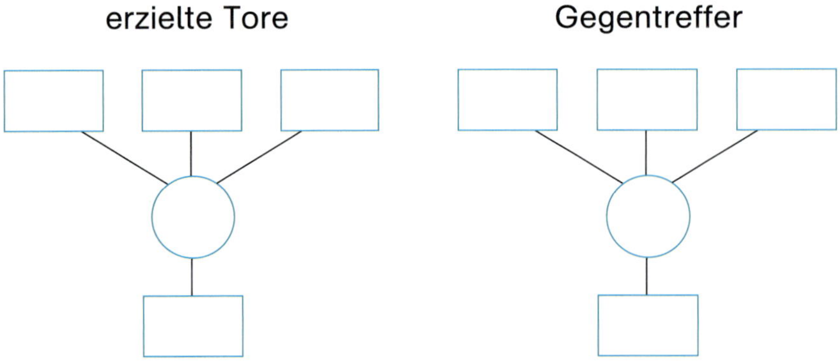

Antwort: ______________________________

____

3 Am Ende der Saison (nach 11 Spieltagen) hatten die ersten fünf Mannschaften folgende Punktzahlen erreicht:

1	Eifelshooters Pillig	22
2	MFC München	18
3	BEARS Berlin	16
4	TFC Devils Oldenburg	16
5	DFST Passau	14

Erstelle ein Säulendiagramm!
1 Kästchen = 4 Punkte

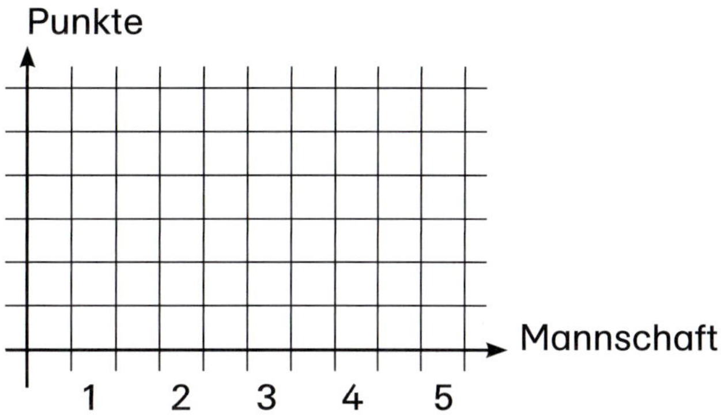

4 Lies ab: Wie viele Punkte erreichten diese 3 Mannschaften (0,5 cm = 2 Punkte)?

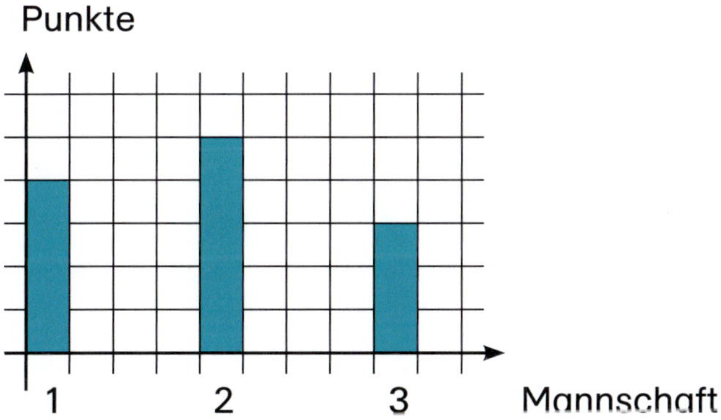

Antwort: ______________________________

____

- Wenn du Rechenbäume zur Hilfe nehmen willst, beachte in den Aufgabentexten alle Hinweise zu den Rechenoperationen, die in die Kreise bei den Bäumen gehören. *Und* steht oft für +; *Differenz* für – usw.
- Wenn du Diagramme lesen oder erstellen willst, musst du dir immer über die Einheit (Kästchen oder auch cm) im Klaren sein. In fertigen Diagrammen müssen solche Einheiten angegeben sein.

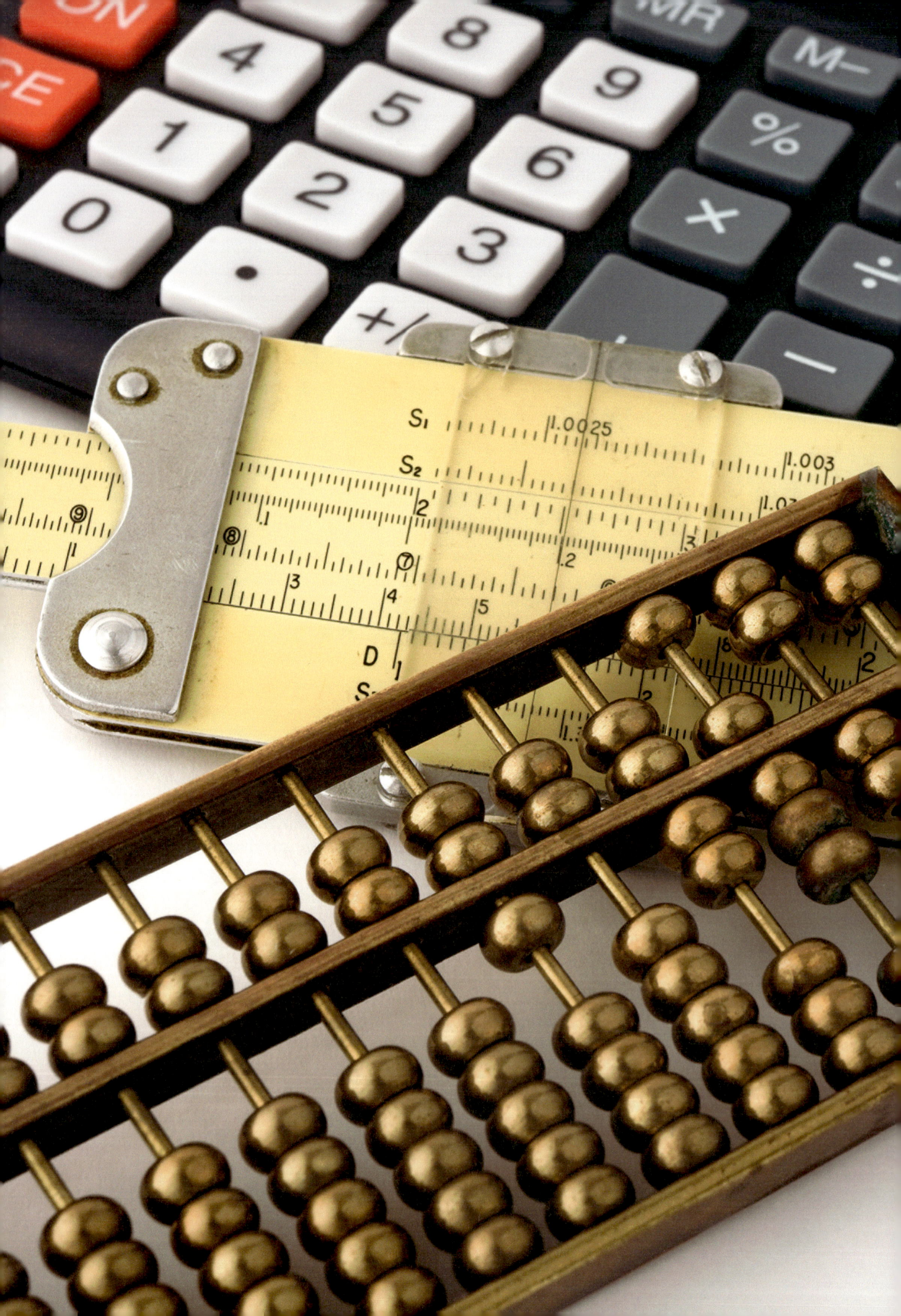
ON
CE
MR
M–
S1
S2
1.0025
1.003
D

Taschenrechner

Rechenhilfen in früherer Zeit
Bevor der Taschenrechner erfunden wurde, konnten die Menschen schon andere Rechenhilfen benutzen. Da gab es z. B. die Rechenschieber. Die waren oft aus Holz und sahen aus wie zwei Lineale, die prima ineinander passten. Die beiden Teile konnte man gegeneinander verschieben. Auf Skalen (Zahlenbeschriftungen) konnte man so Rechenergebnisse ablesen.

Taschenrechner helfen beim Rechnen
Heute benutzt man zum schnellen Rechnen gerne elektronische Taschenrechner. Sie benötigen Strom und bekommen diesen über Batterien oder Solarzellen. Diese Rechner können sehr einfach und übersichtlich aufgebaut sein. Mit ihnen lassen sich Rechenoperationen in den vier Grundrechenarten durchführen. Wissenschaftliche Taschenrechner können aber noch sehr viel mehr.

Vorsicht bei der Eingabe!
Manche Rechner rechnen in der Reihenfolge deiner Eingabe, also einfach von links nach rechts. Achtung: Das Ergebnis kann dann falsch sein.

Beispiel: $4 + 7 \cdot 3 = 33$

Andere beachten die Regel „Punktrechnung geht vor Strichrechnung“, die du auch beachten musst.

Beispiel: $4 + 7 \cdot 3 = 25$

Wusstest du schon, ...?

... dass die ersten Taschenrechner vor über 40 Jahren gebaut wurden und über ein Kilogramm schwer waren? Das war für die Haltbarkeit einer Jackentasche nicht gerade gut.

1 Susi hat zu Hause einen neuen Taschenrechner.
Sie gibt ein:

$$10 \cdot 10 \cdot 10 \cdot 10 \cdot 10$$

Welches Ergebnis zeigt der Rechner an?
Schreibe es in die Stellenwerttafel,
und beschrifte die fehlenden Stellenwerte.

			T	H	Z	E

2 Susi rechnet die gleiche Aufgabe noch einmal und subtrahiert anschließend 10. Ihr Bruder ruft gleich das Ergebnis, bevor Susi mit dem Eintippen fertig ist: 90 990. Hat er recht?

Antwort: ______________________________

____

____

3 Susi sagt: „Wenn ich zu der Zahl, die mein Taschenrechner anzeigt, noch 4 444 addiere, erhalte ich 1 Million.“
Welche Zahl zeigt der Taschenrechner an?
Trage sie in die Stellenwerttafel ein, und beschrifte die Stellenwerte.

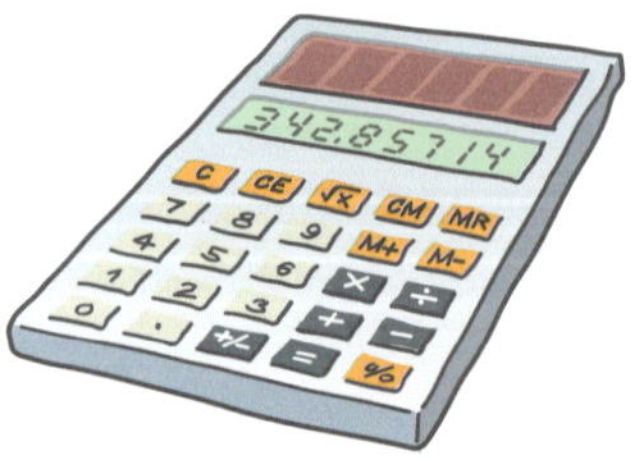

4 Du sollst in der Stellenwerttafel ein Plättchen so verschieben, dass sich die Zahl, die du unten siehst, um 9 990 verringert.
Zeichne einen Pfeil von dem Plättchen, das du verschieben willst, zu dem Feld, zu dem du es verschieben möchtest.
Beschrifte die Stellenwerte.

		●●	●	●●●	●	●●

Wie heißt die gesuchte Zahl?

Antwort: ______________________________

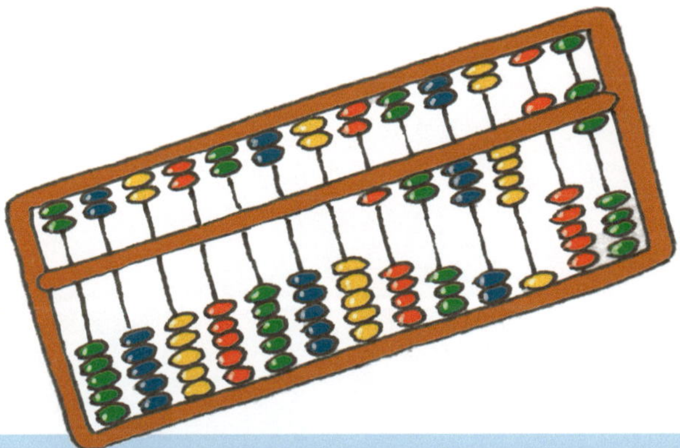

- Indem du mit 10 multiplizierst, erhältst du die jeweils nächste Stufenzahl:

  $1 \cdot 10 = 10$
  $10 \cdot 10 = 100$
  $100 \cdot 10 = 1\,000$ usw.

- Die Stufen der Stellenwerttafel helfen dir, große Zahlen einzuordnen und zu lesen. Weil du aber nicht immer eine Stellenwerttafel zur Verfügung hast, kannst du zur besseren Orientierung nach je 3 Stellen eine kleine Lücke zwischen den Ziffern lassen:
  1 000, 10 000, 100 000, 1 000 000
  Die kleine Lücke vor den letzten 3 Stellen steht für das Wort *Tausend*.
  Die kleine Lücke vor den letzten 6 Stellen steht für das Wort *Million*.

- Denke daran: Punktrechnung geht vor Strichrechnung (Mal- und Teilaufgaben werden vor Plus- und Minusaufgaben gerechnet).

Elefanten

Der afrikanische Elefant
Der afrikanische Elefant ist das größte Landsäugetier der Erde. Er bewohnt die Savannen zwischen den Wüstengebieten und den dichten Urwäldern Afrikas.

Größe und Gewicht
Ein ausgewachsener Elefantenbulle wird leicht 3,20 Meter groß und wiegt fünf Tonnen. Manchmal erreichen Bullen auch eine Körperhöhe von vier Metern, eine Länge von bis zu 7,50 Metern und ein Gewicht von über sieben Tonnen. Die weiblichen Tiere, die Kühe, sind mit durchschnittlich 2,50 Meter kleiner und mit bis zu drei Tonnen auch deutlich leichter als die Bullen.

Wusstest du schon, ...?

... dass Elefanten vor etwa 100 Jahren in vielen Gebieten beinahe ausgestorben wären, weil sie wegen ihrer Stoßzähne aus Elfenbein gnadenlos gejagt wurden? Nur durch die Einrichtung großer Nationalparks, in denen die Elefanten vor Jägern geschützt wurden, konnte die Ausrottung dieser Tierart verhindert werden.

Wie ernähren sich die Elefanten?
Die Nahrung des Elefanten ist vegetarisch und besteht aus Gras, Wurzeln, kleinen Ästen und Früchten. Er trinkt täglich bis zu 150 Liter Wasser. Da der Elefant außerdem täglich bis zu 300 Kilogramm Nahrung zu sich nimmt, ist er damit ganz schön lange beschäftigt, nämlich 16 bis 20 Stunden.

1 Zwei Elefantenkühe wiegen 2 367 kg und 2 249 kg.
Ihre beiden Babys wiegen 114 kg und 127 kg.
Wie viel Kilogramm wiegt die Gruppe insgesamt?

Rechnung:

Bei der schriftlichen Addition kannst du entweder alle Summanden gleichzeitig addieren oder dir die Arbeit in kleinere Teilaufgaben aufteilen.

Antwort:

2 Die Futtermenge eines afrikanischen Elefantenbullen im Zoo sollte über den Zeitraum einer Woche bestimmt werden. Folgende Tabelle wurde ausgefüllt:

Montag:	177 kg
Dienstag:	203 kg
Mittwoch:	182,5 kg
Donnerstag:	236,7 kg
Freitag:	238,4 kg
Samstag:	189 kg
Sonntag:	227,3 kg

Frage:

Rechnung:

Antwort:

3 5 Elefanten gehen in einer Reihe hintereinander. Zusammen messen sie 23,45 m. 2 Elefantenkühe sind jeweils 4,82 m lang, eine andere 4,31 m. Die beiden letzten Tiere sind auch gleich lang. Wie lang ist jedes der beiden letzten Tiere?

Rechnung:

Antwort: ______________________________

____

4 Aus einem Wassertank mit 1000 l Wasser tranken 3 Elefanten im Zoo. Nach einem Tag waren noch 607 l im Tank, nach zwei Tagen noch 312 l und nach drei Tagen noch 17 l. Wie viel Liter Wasser tranken die Tiere an jedem Tag?
Rechne auf einem extra Blatt, und notiere hier die Antwort.

Antwort: ______________________________

____

- Bei der schriftlichen Addition und Subtraktion musst du auf stellengerechtes Untereinanderschreiben achten.
- Bei Kommazahlen kannst du dich an den Kommas orientieren. Sie müssen immer genau untereinanderstehen.
- Erinnere dich an die verschiedenen Verfahren zur schriftlichen Subtraktion. Wende das an, welches du gelernt hast und beherrschst.

	3	2	4
−	1	3	5
	1	1	
	1	8	9

oder

	2	1	
	~~3~~	~~2~~	4
−	1	3	5
	1	8	9

Container-schiffe

Containerschiffe
Für den Transport über das Meer werden besondere Schiffe gebaut: die Containerschiffe. Die Menge an Containern, die sie laden können, wird in *TEU* angegeben. Das ist eine Abkürzung für die englische Bezeichnung *Twenty-foot Equivalent Units*. Damit sind die üblichen Container gemeint.

Containerschiffsgrößen

Wenn du dir die Tabelle anschaust, kannst du z. B. ablesen, dass ein Schiff der ersten Generation 750 TEU, also 750 Container laden kann:

Generation	Jahr	Länge	Breite	Tiefgang	TEU
1.	bis 1968	180 m	25 m	9,0 m	750
2.	ab 1969	225 m	30,5 m	11,5 m	1 500
3.	ab 1972	287 m	32 m	12,5 m	3 000
4.	ab 1987	275 m	39 m	13,5 m	4 500
5.	ab 1997	325 m	41 m	14,1 m	5 500
6.	ab 1999	345 m	43 m	14,5 m	über 8 000
7.	ab 2006	398 m	56 m	16,0 m	über 14 000

Was sind Container?

Große Mengen an Waren werden heute in Container verpackt und mit Schiffen von Kontinent zu Kontinent transportiert. Container sind eigentlich große „Blechkisten“, die auch auf Lkws oder Eisenbahnwagen passen. Mit speziellen Kränen werden sie von einem Transportmittel aufs nächste verladen.

Wusstest du schon, ... ?

... dass eines der größten Containerschiffe fast 400 Meter lang ist und weit über 14 000 Container tragen kann? Wenn du 8-mal einen 50-Meter-Lauf hinter dir hast, hast du so viele Meter geschafft, wie das Schiff lang ist.

... dass fast alle Waren, die auf der Erde verkauft bzw. gehandelt werden, mit Containerschiffen transportiert werden?

1 Im Hafen wurden in den letzten 5 Wochen insgesamt 17 Containerschiffe der 1. Generation voll beladen. Wie viele Container nahmen sie mit auf die Reise?

Rechnung:

Antwort: ______________________________

____

2 Ein Schiff der 3. Generation hat 2 638 Container geladen. Die Hälfte davon soll im nächsten Hafen ausgeladen werden. Wie viele Container sind das?

Rechnung:

Antwort: ______________________________

3 Ein Schiff der 2. Generation wird beladen. 467 Container sind schon an Bord. Das ist ein Drittel der gesamten Fracht. Wie viele Container soll das Schiff insgesamt befördern?

Rechnung:

Geheim TIPP

Die Hälfte, ein Drittel, ein Viertel usw. sind Teile vom Ganzen. Beispiel: Ein Viertel von 20 ist 5 oder 20 : 4 = 5.

Antwort: ______________________________

____

4 Ein Schiff der 7. Generation darf 14 300 Container laden. Es hat schon 1 992 Container an Bord und soll noch 8-mal so viele hinzuladen. Ist das möglich? Überschlage zunächst.

Überschlag: ______________________________

Rechnung:

Antwort: ______________________________

- Achte bei Aufgabentexten auf Begriffe, die dir die Rechenart verraten. „2-mal“, „3-mal“ usw. deuten auf Multiplikationsaufgaben hin, „verteilen“, „aufteilen“ auf Divisionsaufgaben.
- Zur Überprüfung von Ergebnissen helfen dir Überschläge. Überschläge sind Kopfrechenaufgaben mit gerundeten Zahlen.
  Beispiel: 489 · 5 = ? Überschlag: 500 · 5 = 2 500.
  Wenn du nun bei der genauen Rechnung ein völlig anderes Ergebnis erhältst, weißt du, dass ein Fehler vorliegt.

Preistabelle der „Kölner Haie“

KAT	BESCHREIBUNG	ERMÄßIGUNG	PREIS (EUR)
1	Sitzplatz	Normalpreis	42,00 EUR
		Ermäßigung 1 (Schüler)	34,00 EUR
		Familienkarte (4 Pers.)	42,00 EUR
2	Sitzplatz	Normalpreis	36,00 EUR
		Ermäßigung 1 (Schüler)	29,20 EUR
		Familienkarte (4 Pers.)	18,40 EUR
3	Sitzplatz	Normalpreis	30,00 EUR
		Ermäßigung 1 (Schüler)	24,40 EUR
		Familienkarte (4 Pers.)	30,00 EUR
4	Sitzplatz	Normalpreis	24,00 EUR
		Ermäßigung 1 (Schüler)	19,60 EUR
		Familienkarte (4 Pers.)	24,00 EUR
5	Stehplatz	Normalpreis	18,00 EUR
		Ermäßigung 1 (Schüler)	14,80 EUR
		Familienkarte (4 Pers.)	18,00 EUR
6	Sitzplatz	Normalpreis	22,00 EUR
		Ermäßigung 1 (Schüler)	18,00 EUR
		Familienkarte (4 Pers.)	10,25 EUR

Was ist Eishockey?

Eishockey ist ein Mannschaftssport. Je fünf Spieler versuchen auf einer 60 Meter mal 30 Meter großen Eisfläche, eine Scheibe aus Hartgummi – den Puk – mit einem Hockeyschläger ins gegnerische Tor zu schießen. Im Eishockey gibt es, wie im Fußball, auch eine 1. Bundesliga. Sie heißt *Deutsche Eishockey Liga.*

Ein hartes Spiel

Wenn du schon einmal ein Spiel live oder im Fernsehen gesehen hast, weißt du, dass es ein sehr schnelles Spiel mit vielen Körperkontakten ist. Deshalb sind die Spieler auch mit Helmen, dicken Handschuhen und anderen Ausrüstungsgegenständen gut geschützt.

Wusstest du schon, ... ?

... dass es in der Deutschen Eishockey Liga kein Unentschieden gibt? Wenn ein Spiel am Ende nicht entschieden ist, wird solange verlängert, bis eine Mannschaft das Siegtor geschossen hat.

... dass die Mannschaft, die in der regulären Spielzeit gewonnen hat, drei Punkte erhält und der Verlierer null Punkte? Die Mannschaft, die erst in der Verlängerung gewinnt, erhält aber nur zwei Punkte und der Verlierer noch einen Punkt.

1 Kai und sein Vater wollen ein Heimspiel der „Kölner Haie“ sehen und kaufen sich Karten für das Spiel. Sie wollen aber für 2 Sitzplätze zusammen nicht mehr als 40 € ausgeben. Für welche Kategorie entscheiden sie sich?

Antwort: Sie entscheiden sich für Kategorie ________, weil ______________________________

____

2 Familie Schmitz und Familie Müller haben für das nächste Spiel Familientickets für jeweils 4 Personen. Familie Schmitz für die Kategorie 4, die Müllers für die Kategorie 2.

a) Wie viel kosten die Karten für beide Familien insgesamt?
b) Wie viel kostet der Eintritt für eine Person der Familie Schmitz?
c) Wie viel kostet der Eintritt für eine Person der Familie Müller?

Geheim TIPP

Wenn du Informationen aus Tabellen nutzen musst, achte auf die Tabellenüberschriften, und vergleiche Wörter aus der Tabelle mit Wörtern im Aufgabentext.

Rechnung:

Antworten:

a) ____

b) ____

c) ____

3 Die 26 Schüler der Klasse 4 b haben bei einem Malwettbewerb einen Gutschein für ein Eishockeyspiel gewonnen. Jedes Kind erhält 5 € Preisnachlass auf seine Karte. Alle wählten Stehplätze. Wie viel bezahlt die Klasse insgesamt?

Rechnung:

Antwort: ______________________________

4 Die Zuschauerzahl bei einem Spiel betrug 12 962 Zuschauer. 29 328 € nahm der Verein dabei durch Familientickets zu 24 € für je 4 Personen ein. Rechne die folgenden Aufgaben auf einem extra Blatt, und notiere hier deine Antworten.

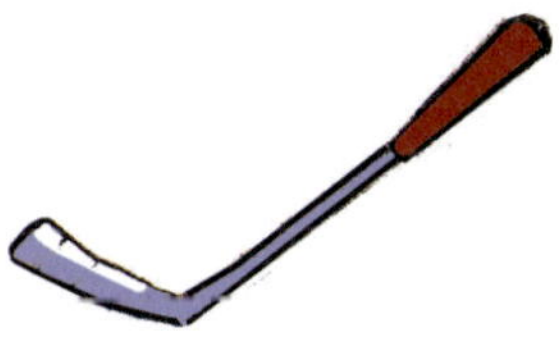

a) Wie viele Familientickets wurden verkauft?
b) Wie viele Zuschauer waren das?
c) Wie viele Zuschauer hatten andere Tickets?

Antworten:

a) ______________________________

b) ______________________________

c) ______________________________

- Geldbeträge haben 2 Stellen hinter dem Komma (für die 10 ct-Stücke und die 1 ct-Stücke). Das Komma trennt Euro und Cent. Beispiel: 12,34 €.
- Geldbeträge ohne Centangaben dürfen ohne Komma aufgeschrieben werden. Beispiel: 17 Euro = 17 € oder 17,00 €

Haie

Der Weiße Hai
Unter den vielen Haiarten ist besonders der Weiße Hai bekannt, weil er als sehr gefährlich gilt. Deshalb beschäftigen sich Forscher auch ausgiebig mit diesem Tier. Um das Wanderverhalten der Weißen Haie zu erforschen, befestigen sie Sender an ihren Flossen. So stellte sich heraus, dass Weiße Haie bis zu 1200 Meter tief tauchen können.

Tauchverhalten
Meistens halten sich die Weißen Haie in der Nähe der Wasseroberfläche auf und gehen dabei nicht tiefer herunter als fünf Meter. Dann gibt es immer wieder Zeiten, in denen die Tiere gerne 300 Meter bis 500 Meter tief tauchen. Selten sind sie in mittleren Wassertiefen zu beobachten.

Von Südafrika nach Australien und zurück
Haie legen erstaunlich weite Reisen zurück, die bis zu 20 000 Kilometer lang sein können. Für diese Rekordstrecke benötigte ein mit Sendern ausgestatteter Testhai neun Monate. Er schwamm dabei von Südafrika nach Australien und zurück.

Wusstest du schon, ...?

... dass weibliche Weiße Haie größer sind als die männlichen und durchschnittlich fünf Meter groß werden?
... dass die scharfen Zähne der Tiere immer wieder nachgebildet werden?
... dass der Weiße Hai durch Trophäenjäger und die riesigen Fischfangnetze von Fischern zu den gefährdeten Tierarten gehört?

1 Ein Weißes Haiweibchen wurde gefangen, gemessen und wieder freigelassen. Es war 6,48 m lang. Ein männlicher Weißer Hai maß 452 cm.
Um wie viel Meter war das Weibchen größer?

Rechnung:

Geheim TIPP

Wandle verschiedene Einheiten immer in eine um. Wenn ein Zahlenwert also in *m*, der andere in *cm* angegeben ist, musst du einen von beiden passend umrechnen.

Antwort: ______________________________

____

2 Bei einer Forschungsarbeit wurden 6 Weiße Haie gefangen und gemessen. Wenn die Tiere hintereinanderschwimmen würden, ergäbe das eine Haischlange von wie vielen Metern?
Achtung: Die Eintragungen wurden von verschiedenen Leuten durchgeführt und sind nicht einheitlich!

Tier	Länge
1	3,46 m
2	279 cm
3	6 m 18 cm
4	5 m 5 cm
5	4,09 m
6	1,5 m

Rechnung:

Antwort: ______________________________

____

3 Man weiß, dass Haie lange Wanderungen unternehmen. Wie weit kommt ein Hai, der ungefähr 4 km pro Stunde weit schwimmt,
a) an einem Tag?
b) in 60 Tagen?

Rechnungen:

Antwort a): ______________________________

Antwort b): ______________________________

4 Der Sender an einem Hai ergab folgende Werte: zurückgelegte Strecke 960 km; benötigte Zeit 400 Stunden.
Wie viel Kilometer schaffte das Tier dann pro Stunde?

Geheim TIPP

Wenn du beim Teilen Kommas vermeiden willst, wandle *km* in *m* um und danach erst wieder zurück.
Beispiel: 420 km **:** 200 Stunden =
420 000 m **:** 200 Stunden =
2 100 m/h = 2,100 km /h.

Rechnung:

Antwort: ______________________________

____

- Merke dir: 1 m = 100 cm oder 1,00 m = 100 cm
  1 km = 1 000 m
- Achtung: 1,20 m = 1,2 m (Eine Null an der letzten Stelle nach dem Komma darf weggelassen werden.)
- Die Geschwindigkeit wird in *km pro Stunde* (km/h) gemessen.

Lkws

Wofür brauchen wir Lkws?
Die Abkürzung *Lkw* bedeutet *Lastkraftwagen*. Lkws sind für uns sehr wichtig, denn sie bringen die Waren, die wir in den Geschäften kaufen können, von Bahnhöfen, Flughäfen, Schiffshäfen oder direkt von den Fabriken in die Läden.

Verschiedene Lkws
Es gibt verschiedene Lkws: Große und kleinere, die man dann auch als Lieferwagen bezeichnet, Lkws mit Anhängern und solche, die keinen Aufbau haben. Sie heißen Sattelschlepper. Die Güter (Ladungen) befinden sich in einem großen „Auflieger", der mit dem Sattelschlepper verbunden wird. Dann spricht man von einem Sattelzug.

Zulässiges Gesamtgewicht
Das Gewicht, das der Lkw und die Ladung zusammen wiegen dürfen, ist das zulässige Gesamtgewicht.

- Kleinlaster haben ein zulässiges Gesamtgewicht von 3,5 t = 3 500 kg.
- Leichte Lkws dürfen mit Ladung bis 7,5 t = 7 500 kg wiegen.
- Mittelschwere Lkws dürfen mit Ladung bis 12 t = 12 000 kg schwer sein.
- Schwere Lkws dürfen in Deutschland als Hänger- oder Sattelzüge bis 40 t = 40 000 kg wiegen.
- In einigen anderen Ländern sind sogar bis 60 t zulässiges Gesamtgewicht möglich.

Wusstest du schon, ...?

... dass man vor vielen Jahren mit verschiedenen Antriebsarten bei Lkws experimentierte? So gab es Lkws, die ähnlich wie Lokomotiven mit Dampf betrieben wurden oder auch mit Benzin, wie heute viele Pkws. Durchgesetzt haben sich aber heute Dieselmotoren, die relativ wenig Kraftstoff verbrauchen.

1 Evas großer Bruder zieht um. Er hat sich einen Kleinlaster geliehen. Leer wiegt der Wagen 2 107 kg.
Mit wie viel kg darf er den Wagen beladen?

Rechnung:

Antwort: ____

2 Bei einer Polizeikontrolle wird ein Kleinlaster gewogen. Er ist um 82 kg zu schwer.
Wie viele t und kg zeigt die Waage an?

Rechnung:

Antwort: ____

Geheim TIPP

Notiere zur Übung alle Ergebnisse als *kg*, *t* und *kg* (getrennt) und als *t*. Lege dir dazu eine Tabelle an:

kg	t und kg	t

3 Die Ladungen von 3 mittelschweren Lkws sollen auf einen Sattelzug umgeladen werden. Die Ladung des ersten Lkw wiegt 4035 kg, die des zweiten Lkw 4212 kg und die des dritten 3502 kg. Der Sattelzug darf 11,750 t zuladen.

Frage: ______________________________

____

Rechnung:

Antwort: ______________________________

____

4 Ein Lkw hat 9450 kg Waren geladen. Die Hälfte liefert er in Dortmund ab. Vom Rest lädt er ein Drittel in Köln ab, und der Rest geht nach Bonn.
Wie viel kg Ladung sind für jede Stadt vorgesehen?
Rechne auf einem extra Blatt, und notiere hier deine Antwort.

Antwort: ______________________________

____

- 1 t = 1000 kg
  Beachte:
  1,5 t = 1,500 t = 1 t und 500 kg
  1,05 t = 1,050 t = 1 t und 50 kg

- „Die Hälfte von …“ bedeutet „**: 2**“.
  Beispiel: Die Hälfte von 14 bedeutet 14 **:** 2 = 7.

- „Ein Drittel von …“ bedeutet „**: 3**“.
  Beispiel: Ein Drittel von 60 bedeutet 60 **:** 3 = 20.

Ski: Slalom

Wasser ist wichtig
Wer viel Sport treibt, der weiß, wie gut es tut, anschließend und auch zwischendurch Wasser zu trinken. Gerade beim Sport verbraucht der Körper viel Wasser. Und das Wasser will rasch wieder aufgefüllt sein, sonst lässt die Leistungsfähigkeit stark nach.

Der Wasserhaushalt eines Sportlers
In größeren Höhen, z. B. beim Skifahren, schwitzen die Rennläufer nicht nur viel, sondern sie verlieren auch über die Atmung zusätzlich viel Flüssigkeit.
Wenn ein 75 Kilogramm schwerer Skiläufer etwa beim Training nur 1,5 Liter Flüssigkeit verliert, sinkt seine Leistungskurve deutlich ab. Deshalb müssen Hochleistungssportler sehr genau auf ihren Wasserhaushalt achten.

Hartes Training
Für einen Slalomlauf (Torlauf) muss hart trainiert werden. Schließlich müssen bei den Männern zwischen 180 und 220 Meter Höhenunterschied überwunden werden, bei den Frauen zwischen 140 und 200 Metern.

Jedes Tor zählt
Die Rennfahrerinnen und Rennfahrer müssen sehr geschickt sein und eine Anzahl von Toren im Zickzack-Kurs durchfahren. Lassen sie nur ein Tor aus, werden sie disqualifiziert – das heißt, sie scheiden aus.

Wusstest du schon, ... ?

... dass bis 1980 beim Slalom starre Torstangen benutzt wurden? Um sich einerseits nicht zu verletzen und andererseits die Stangen nicht aus dem Schnee zu reißen, mussten die Läufer weite Bögen um die Torstangen machen.
Heute sind die Stangen flexibel. Sie können mit dem ganzen Körper und dem Ski berührt werden, ohne sich aus ihrer Verankerung zu lösen. Dadurch sind engere Kurven und höhere Geschwindigkeiten möglich.

1 Ski-Rennläufer sind Hochleistungssportler. Sie müssen auf einen ausgeglichenen Wasserhaushalt achten. Nach einer halben Stunde Training hat der Skiläufer 1 250 ml Wasser verloren. Wie viel l sind das?

Rechnung: ______________________________

Antwort: ______________________________

Geheim TIPP

Beim Umrechnen von Größen ist eine Stellenwerttafel immer eine wertvolle Hilfe. Lege dir so eine Stellenwerttafel, wie im Beispiel, an:

l	100 ml	10 ml	1 ml

Die dicke Trennlinie zwischen Liter und Milliliter steht für das Komma.

2 1 l Wasser wiegt unter normalen Bedingungen etwa 1 kg. Ein Ski-Rennläufer wiegt vor dem Training 76,3 kg. Nach dem Training wiegt er 73,9 kg. Wie viel ml Wasser hat er im Training verloren? Wie viel l sind das?

Rechnung:

Antwort: ______________________________

____

3 Für die 6 Skiläufer des Vereins stellte der Trainer 10 Flaschen Wasser mit je 1,5 l bereit, damit die Sportler ihren Wasserverlust nach dem Training ausgleichen können. Jeder Skiläufer verlor 2,6 l Wasser.

Frage: ______________________________

____

Rechnung:

Antwort: ______________________________

Geheim TIPP

Fehlt eine Frage, lies dir den Aufgabentext genau durch, und versetze dich in die Situation (hier: des Trainers). Kann die Frage, die dir nun einfällt, mithilfe der Angaben aus dem Text beantwortet werden? Wenn ja, dann hast du eine sinnvolle Frage gestellt.

4 Nach einem Wettkampf tranken die Sportler insgesamt 30 l Wasser.
a) Wie viele Gläser zu je 150 ml sind das?
b) Wie viele Becher zu je 200 ml sind das?

Rechne auf einem extra Blatt, und notiere hier deine Antworten.

Antwort a): ______________________________

Antwort b): ______________________________

Beachte beim Rechnen Folgendes:

- 1 l = 1000 ml
- 1,5 l = 1,500 l = 1 l und 500 ml = 1 500 ml
- 0,25 l = 0,250 l = 250 ml

Falken

Aussehen

Wie viele Greifvögel haben auch Falken einen hakenförmig gebogenen Oberschnabel. Die Krallen an den Füßen sind kräftig und die Beine befiedert. Das sieht dann aus, als ob die Vögel Hosen tragen würden.

Der Wanderfalke

Der Wanderfalke gilt als das schnellste Lebewesen auf der Welt. Auf Sturzflügen soll er 340 km/h erreichen können. Gesicherte Angaben sind das jedoch nicht. Bei Radarmessungen wurden keine so hohen Geschwindigkeiten gemessen. Sicher aber ist, dass der Falke eben sehr schnell ist.

Was sind Falken?
Falken sind, je nach Art, kleine bis mittelgroße Greifvögel. Sie haben einen recht langen Schwanz und spitz zulaufende Flügel. Von den etwa 40 Falkenarten sind Turm- und Wanderfalken am bekanntesten.

Wusstest du schon, ... ?

... dass Greifvögel sich auch abrichten lassen? Es wird berichtet, dass schon vor mehreren 1 000 Jahren Greifvögel von Menschen für die Jagd eingesetzt wurden.
Die Tiere werden von den Falknern (so heißen die Leute, die sie zur Jagd benutzen) auf dicken Lederhandschuhen getragen. Nach einem Flug – egal, ob es ein erfolgreicher Jagdflug war oder nicht – kehren die Vögel wieder zum Falkner zurück und erhalten von ihm etwas Fleisch.

Beute
Der Falke jagt fast ausschließlich kleine und mittelgroße Vögel und bedient sich dabei seiner speziellen Sturzflugtechnik.

1 Ein Falke fliegt 1 Minute lang mit einer Geschwindigkeit von 120 km/h. Wie viel Meter weit kommt er dabei?

Rechnung:

Antwort: ______________________________

Geheim TIPP

Rechne mit der Größe, mit der du am besten rechnen kannst. Wenn du nicht mit Kommazahlen rechnen willst, dann wandle so um, dass kein Komma vorkommt. Am Schluss kannst du dein Ergebnis wieder zurückverwandeln.
Beispiel: 3,6 km : 4 = 3600 m : 4 = 900 m = 0,9 km.

2 Ein Falkner schickt einen Falken auf einen Flug über eine 4 km lange Rundstrecke. Nach 5 Minuten kehrt das Tier zurück. Mit welcher Geschwindigkeit flog der Vogel?

Rechnung:

Antwort: ______________________________

Geheim TIPP

Geschwindigkeiten werden in *km pro h* (km/h) gemessen. Eine Tabelle kann dir beim Rechnen helfen.

km	Zeit (min)

3 2 Falken stürzen auf 2 Stücke Fleisch hinab, die die Falkner ausgelegt haben. Der erste Falke ist von seiner Mahlzeit noch 900 m entfernt und nähert sich mit 45 m pro Sekunde. Der andere hat noch 1200 m vor sich und nähert sich mit 60 m pro Sekunde.

a) Wer ist zuerst da?
b) Mit welchen Geschwindigkeiten (km pro h) fliegen die Tiere?

Rechne auf einem extra Blatt, und notiere hier deine Antworten.

Antwort a): ____________________

Antwort b): ____________________

4 Ein Falke stürzt aus 600 m mit einer Geschwindigkeit von 40 m pro Sekunde auf eine Maus herab. Diese braucht noch 12 Sekunden bis in ihr Mauseloch. Kann sie sich retten?

Rechnung:

Antwort: ____________________

____

- 1 Stunde (h) = 60 Minuten (min)
  1 Minute (min) = 60 Sekunden (s)

- Geschwindigkeit wird gemessen mit „zurückgelegter Strecke innerhalb einer bestimmten Zeit“. Die übliche Geschwindigkeitsangabe ist *Kilometer pro Stunde* (km/h).
  Aber sie kann auch in *Meter pro Sekunde* (m/s) angegeben werden.
  Beispiel: Ein langsam spazierender Mensch schafft ohne Probleme, eine Strecke von 3,6 km in einer Stunde zu gehen. Seine Geschwindigkeit beträgt 3,6 km/h. Das sind 3600 m pro Stunde oder 3600 m : 60 = 60 m pro Minute oder 60 m : 60 = 1 Meter pro Sekunde.

Die Anfänge
Basketball gibt es seit gut 100 Jahren. Die Sportart wurde in den USA erfunden. Wann genau erfährst du, wenn du Aufgabe 3 auf der nächsten Doppelseite löst!

Regeln
Eine Basketballmannschaft besteht aus fünf – meist sehr großen – Spielern. Wenn ein Spieler aus weiter Entfernung einen Ball in den Korb wirft, gibt es dafür drei Punkte, sonst zwei. Wurde ein Spieler gefoult oder sonst ein Regelverstoß begangen, gibt es Freiwürfe. Für jeden verwandelten Freiwurf gibt es einen Punkt.

Körbe, Körbe, Körbe
Basket ist englisch und heißt *Korb*. Und so ähnlich sehen auch die „Tore“ aus, in die der Basketball hineingeworfen werden muss. Aber wie hoch genau müssen Wettkampf-Basketballkörbe hängen? Löse dazu Aufgabe 1 auf der nächsten Doppelseite!

Basketball

Stars

Unter den Basketballspielern gibt es auch richtig berühmte Stars, wie z. B. Michael Jordan aus den USA. Der bekannteste und erfolgreichste deutsche Basketballspieler ist Dirk Nowitzki, der seit 1998 in den USA spielt.

Der Wettkampfball

Ein Basketball ist dicker als ein Fußball. Man kann ihn gut fangen und prellen. Mit einer Hand – wie z. B. beim Handball – wird er aber selten gespielt, denn sein Umfang ist dafür einfach zu groß.

Wusstest du schon, ...?

... dass internationale Spiele von drei gleichberechtigten Schiedsrichtern geleitet werden?

... dass ein Angriff einer Mannschaft nur 24 Sekunden dauern darf?

1 Basketballspieler sind oft sehr groß, denn der Korb hängt ziemlich hoch. Löse das Rätsel, und du erfährst die genaue Höhe:

Wenn ich die gesuchte Höhe mit 2 multipliziere und zu dem Ergebnis 3,90 m addiere, erhalte ich 10 m.

Vervollständige das Pfeilbild.

$$\_\_\_\_ \xrightarrow{\cdot 2} \_\_\_\_ \xrightarrow{+\ 3{,}90\ \text{m}} 10\ \text{m}$$

Geheim TIPP

Das Pfeilbild beginnt mit der gesuchten Zahl. Um sie aber zu finden, musst du „umgekehrt" rechnen und den grünen Pfeilen folgen.

Antwort: ____________________

2 Michael Jordan, einer der berühmtesten Basketballspieler, ist 1,98 m groß. Während seiner Karriere zwischen 1984 und 2003 erzielte er viele Punkte. Löse das Rätsel mit einem Pfeilbild, um zu erfahren, wie viele es genau waren:

Wenn ich die gesuchte Punktzahl durch 6 dividiere, von diesem Ergebnis 5 301 subtrahiere und zu diesem Ergebnis die Größe von Michael Jordan in cm addiere, erhalte ich 279.

Deine Überlegung:

Antwort: ____________________

3 Wann wurde Basketball eine Hallensportart?
Löse das Rätsel. Benutze ein extra Blatt, wenn du dir Notizen machen möchtest.

- Die erste und die letzte Ziffer der 4-stelligen Jahreszahl sind gleich.
- Die beiden mittleren Ziffern zusammenaddiert ergeben 17.
- Die Quersumme der ganzen Zahl ergibt 19.
- Die gesuchte Jahreszahl liegt schon mehr als 100 Jahre zurück.

Antwort: ______________________________

4 Finde den maximalen Umfang in mm eines Basketballs bei Wettkampfspielen heraus.
Nutze für deine Überlegungen ein extra Blatt.

- Es handelt sich um eine dreistellige Zahl mit einer 0 als Ziffer.
- Die beiden anderen Ziffern ergeben zusammen 15 und sind Nachbarzahlen.
- Die gesuchte Zahl liegt zwischen 700 und 800, aber näher an 800.

Geheim TIPP

Unter dem Umfang eines Balls versteht man die Länge der Linie, die man an der dicksten Stelle um den Ball zeichnen kann.

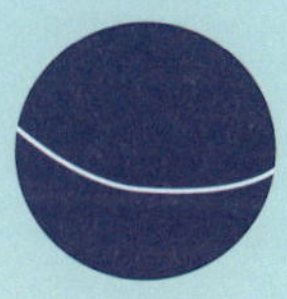

Antwort: Der maximale Umfang eines Wettkampfballs beträgt __________ mm.

Es ist zur Lösung solcher Aufgabe unbedingt notwendig, dass du die Fachbegriffe für die Rechenoperationen kennst:

- Addition, addieren – Plusrechnung, hinzuzählen
- Subtraktion, subtrahieren – Minusrechnung, abziehen
- Multiplikation, multiplizieren – Malrechnung, malnehmen
- Division, dividieren – Teilen, teilen
- Bei Umkehraufgaben ändert sich die Rechenart:
  Aus + wird – und aus · wird :.
  Beispiele:
  Aufgabe: $7 + 145 = 152$ Umkehraufgabe: $152 - 145 = 7$
  Aufgabe: $15 \cdot 9 = 135$ Umkehraufgabe: $135 : 9 = 15$

Eisbären

Eisbären

Eisbären kennst du sicher aus Filmen oder Zoos. Manchmal werden sie sogar bekannt, wenn z. B. ein verstoßenes Eisbärenkind von Hand aufgezogen und die ersten Monate von Reportern und Filmemachern begleitet wird.

Lebensraum
Die großen Bären mit ihrem weißen bis gelblichen Fell bewohnen die kalten Gebiete um den Nordpol herum.

Größe
Durchschnittlich werden erwachsene Eisbärenmännchen 2,40 Meter bis 2,60 Meter lang und vom Boden bis zu den Schultern 1,60 Meter hoch.

Kälte macht nichts aus
Das dichte Fell der Eisbären sowie eine dicke Speckschicht unter der Haut ermöglichen es, dass die Tiere auch bei sehr niedrigen Temperaturen leben können.

Gewicht
Ihr Gewicht kann sehr stark schwanken. Das liegt daran, dass die Bären – je nach Jahreszeit – einmal mehr oder weniger zu fressen haben. Im Winter, wenn es viele Robben zu jagen gibt, können große Bären durchaus 600 Kilogramm bis 800 Kilogramm schwer werden.

Wusstest du schon, ...?

... dass Eisbären Seetang fressen, wenn es eine Zeit lang keine Fleischnahrung für sie gibt? Auf diese Weise halten sie ihr Verdauungssystem in Betrieb. Ihre Fettreserven helfen ihnen zu überleben.

1 Du willst etwas über Eisbären wissen?
Dann löse folgende Aufgabe, und kreuze die richtige Antwort an.

Ich habe in einer undurchsichtigen Tüte 3 Gummi-Eisbärchen mit schwarzer Nase und 3 Gummi-Eisbärchen mit roter Nase.
Wie oft musst du ein Bärchen aus der Tüte ziehen, um am Ende garantiert ein Bärchen mit roter und eines mit schwarzer Nase zu haben?

Bei richtiger Lösung verrät dir die Zahl in der Klammer die größte Länge eines Eisbären.

☐ 2-mal (3,20 m)

☐ 3-mal (3,30 m)

☐ 4-mal (3,40 m)

Die größte Länge eines Eisbären beträgt ____________.

2 Nun habe ich in meiner Tüte 3 Gummi-Eisbärchen.
Eines mit schwarzer Nase, eines mit roter Nase und eines mit gelber Nase. Du darfst 2 ziehen.
Welche Behauptung stimmt? Kreuze an.

Bei richtiger Lösung verrät dir das Wort in der Klammer eine andere Bezeichnung für Eisbär.

☐ Es ist sicher, dass ich eins mit schwarzer und eins mit roter Nase ziehe. (Nordbär)

☐ Es ist möglich, dass ich eins mit schwarzer Nase und eins mit gelber Nase ziehe. (Polarbär)

☐ Es ist unmöglich, dass ich eins mit gelber und dann eins mit roter Nase ziehe. (Weißbär)

Eine andere Bezeichnung für Eisbär ist ________________.

3 Ich möchte mit gelbnasigen und mit schwarznasigen Gummi-Eisbärchen Dreiergruppen legen, in denen immer beide Farben in verschiedener Reihenfolge vorkommen. Wie viele Möglichkeiten gibt es? Kreuze an.

Bei richtiger Lösung verrät dir das Wort in der Klammer die Hautfarbe erwachsener Eisbären.

☐ Es gibt 6 Möglichkeiten. (Schwarz)

☐ Es gibt 3 Möglichkeiten. (Weiß)

☐ Es gibt 8 Möglichkeiten. (Rosa)

Die Hautfarbe erwachsener Eisbären

ist ______________.

Geheim TIPP

Zeichne dir Kästchen in Dreiergruppen auf, und fülle sie mit den Nasenfarben: ☐☐☐ ☐☐☐ und immer so weiter, bis du alle Möglichkeiten hast. Oder lege dir eine Tabelle mit drei Spalten an und einen schwarzen und einen gelben Buntstift bereit.

4 Ich habe 2 schwarznasige, 2 rotnasige und 2 gelbnasige Gummi-Eisbärchen. Bilde alle möglichen Paare mit ihnen, bis alle Bärchen verbraucht sind. Jedes Paar muss immer 2 Farben haben. Kreuze die richtige Antwort an.

Die Zahl in der Klammer verrät dir, wie viel Monate ein Eisbär zur Not fasten kann.

☐ Ich kann 2 Paare bilden. (6 Monate)

☐ Ich kann 3 Paare bilden. (12 Monate)

☐ Ich kann 6 Paare bilden. (8 Monate)

Ein Eisbär kann zur Not _______ Monate fasten.

- Um solche Aufgaben zu lösen, solltest du dir Anschauungsmaterial bereitlegen: Das könnten Rechenplättchen sein oder andere zählbare Materialien. Du kannst aber auch Zeichnungen anfertigen und dabei mit verschiedenen Farben arbeiten. In Absprache mit deinen Eltern kannst du vielleicht auch einmal Gummibärchen verwenden und sie anschließend naschen.

Anmerkung:
Wenn dein Ergebnis stimmt, du aber auf einem anderen Rechenweg als dem hier angegebenen zum Ergebnis gekommen bist, ist das genauso richtig!

Seite 10/11

1. c) stimmt.
   Im Text über die Antonow kannst du lesen, dass ihr Gewicht 175 t beträgt. Das Gewicht ihres größten Transports betrug 247 t.

2. c) stimmt.
   Im Text kannst du lesen, dass die Flügelspannweite 88 m beträgt. Wenn du das durch 2 teilst, weißt du wie lang ein Flügel ist.

3. a) Ja.
   Im Text kannst du lesen, dass der Erstflug im Dezember 1988 war.
   b) Ja.
   Im Text kannst du lesen, dass die Antonow An-225 eine Länge von rund 85 m hat. 2 Antonow An-225 wären demnach länger als ein Fußballplatz.
   c) Nein.

4. Rechnung: Im Text kannst du lesen, dass die Antonow An-225 eine Spitzengeschwindigkeit von 850 km/h erreichen kann. Also kannst du rechnen:
   850 km/h : 2 = 425 km/h
   Jetzt hast du herausgefunden wie weit sie in der Hälfte der Zeit fliegen kann, denn:

   1 h = 60 min
   60 min : 2 = 30 min

   Also lautet die Antwort: Sie würden die Strecke von 425 km in einer halben Stunde (30 Minuten) schaffen.

Seite 14/15

1.

515	516	517	518	519
525	526	527	528	529
535	536	537	538	539

2. Antwort: Die Sitzplatznummer ist die 604.

3.

Ewige Bestenliste			
Name	**H**	**Z**	**E**
Gerd Müller	3	6	5
Klaus Fischer	2	6	8
Jupp Heynckes	2	2	0

4.

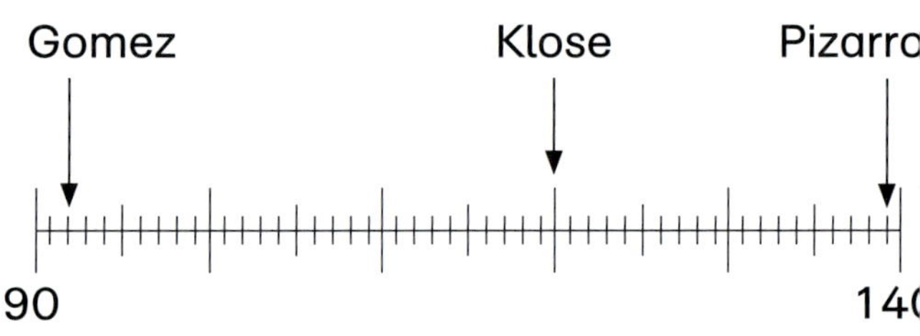

Seite 18/19

1. Rechnung:
   154 kg
   + 152 kg
   (Übertrag: 1)
   306 kg

   Antwort: Beide Spieler zusammen wiegen 306 kg.

2. Rechnung:
   154 kg − 96 kg (Überträge: 1 1) = 58 kg
   oder
   1̸5̸4 kg (0 4) − 96 kg = 58 kg

   Antwort: Die Differenz zwischen von Buyten und Green beträgt 58 kg.

3. 208 − 131 = 77 oder 208 − 131 = 77

```
  208          1
 -131         2̸08
   1          -131
 ----         ----
   77           77
```

Antwort: Owens braucht noch 77 Touchdowns.

4. Rechnung:

```
   156 kg
   153 kg
   147 kg
   144 kg
   143 kg
 + 137 kg
    2 3
 --------
   880 kg
```

```
  1000 kg   oder     0 9
 – 880 kg           1̸0̸00 kg
   1 1             – 880 kg
 --------          --------
   120 kg            120 kg
```

Antwort: Die Verteidiger der *Pittsburgh Steelers* wiegen insgesamt 880 kg. Ein Kleinwagen wiegt 120 kg mehr.

Seite 22/23

Tage	1	2	3	4	5	6	7
Eier	50	100	150	200	250	300	350

2. Rechnung:
350 Eier + 350 Eier = 700 Eier
oder 350 Eier · 2 = 700 Eier
Antwort: In 2 Wochen legt die Königin 700 Eier.

3.
1 + 1 = 2 | 16 + 16 = 32
2 + 2 = 4 | 32 + 32 = 64
4 + 4 = 8 | 64 + 64 = 128
8 + 8 = 16 | usw.

```
   128        256
 + 128      + 256
   1          1 1
 -----      -----
   256        512
```

Antwort: Ich habe bis 512 verdoppelt. (Man kann natürlich noch unendlich weiter verdoppeln.)

4. Rechnung:
8 · 50 = 400
16 · 25 = 400

Antwort: Die nächsten beiden Aufgaben heißen 8 · 50 = 400 und 16 · 25 = 400. (Lukas hat den ersten Faktor immer verdoppelt und den zweiten Faktor halbiert. So bleibt das Ergebnis gleich.)

Seite 26/27

1. Rechnung:
3 · 330 = 990
3 · 300 = 900
3 · 30 = 90

Antwort: In 3 Stunden könnte der ICE bei Höchstgeschwindigkeit 990 km weit fahren.
(Anmerkung: Die Strecke müsste allerdings kurvenlos und gerade sein.)

2. Rechnung:
2 · 490 = 980
2 · 400 = 800
2 · 90 = 180

Antwort: Der TGV würde bei einer Durchschnittsgeschwindigkeit von 490 km/h in 2 Stunden 980 km weit fahren.

3. Rechnung:
528 : 8 = 66
480 : 8 = 60
48 : 8 = 6

Antwort: In einem Waggon der 2. Klasse gibt es 66 Sitzplätze.

4. Rechnung:
29 + 29 = 58 (1. Klasse)
oder 29 · 2 = 58

```
  354     oder      2 4
                    3̸5̸4
-  58             -  58
  1 1
 ----              ----
  296  (2. Klasse)  296
```

```
296 : 4 = 74
------------
280 : 4 = 70
 16 : 4 =  4
```

Antwort: In dem Waggon der 2. Klasse gibt es 74 Sitzplätze.

Seite 30/31

1. Du musst die Zahlen 98 und 102 einkreisen.

2. Antwort: Max' Mannschaft hat 102 Gegentore bekommen.

3. Rechnung:
Die größte Zahl, die auf den Zehner gerundet 220 ergibt: 224

Addiere 4 Einer dazu:
224 + 4 = 228

Antwort: Der Verein „Wasserfreunde Spandau 04" hat in der Saison 2010/2011 insgesamt 228 Tore erzielt.

4. Rechnung und Antwort:
Jan hat zuerst auf die Zehnerstelle gerundet und dann gerechnet. Also:

```
  260
  220
  120
  110
+  90
  2
 ----
  800
```

Seite 34/35

1. Rechnung:
2 € + 2 € + 2 € = 6 €
1 € + 1 € + 1 € + 1 € = 4 €
5 € + 10 € = 15 €
50 ct + 20 ct + 20 ct + 10 ct = 1 €

6 € + 4 € + 15 € + 1 € = 26 €

Antwort: Finn hat 26 € in seiner Spardose gespart.

2. Rechnung:
Sparkonto: 12 · 5 € = 60 €

Gesamt: 60 € + 26 € = 86 €

Antwort: Finn hat 60 € auf seinem Sparkonto. Insgesamt hat er 86 € gespart.

3. Rechnung:

```
  430,00 €   oder     3 2 9
                      4̸3̸0̸,00 €
-  70,50 €          -  70,50 €
  1 1 1
 ---------           ---------
  359,50 €            359,50 €
```

Antwort: Das Terrarium im Internet kostet 359,50 €.

4. Rechnung:

```
  359,50 €   oder     2
                      3̸59,50 €
-  86,00 €          -  86,00 €
  1
 ---------           ---------
  273,50 €            273,50 €
```

Antwort: Der Vater muss noch 273,50 € dazugeben.

Seite 38/39

1.

Tyrannosaurus rex	m	cm	Kommazahl
Männchen	13	50	13,5 m
Weibchen	12	0	12,0 m
Jungtier	7	6	7,06 m

2. Rechnung:
185 mm = 18,5 cm
0,21 m = 21,0 cm

Antwort: Wenn man die Längen in cm umrechnet, wird deutlich, dass der Zahn von Ulis Tyrannosaurus rex länger ist.

3. Rechnung:

$$\begin{array}{r} 12{,}4 \text{ m} \\ 11{,}6 \text{ m} \\ +\ 13{,}0 \text{ m} \\ \hline 37{,}0 \text{ m} \end{array}$$

Antwort: Die Schlucht müsste mindestens eine Länge von 37 m haben.

4. Rechnung: 76 cm : 4 = 19 cm
oder 4 · 19 cm = 76 cm
oder 76 cm : 19 cm = 4

Antwort: Pauls Fuß würde 4-mal hineinpassen.

Seite 42/43

1. 3,4 s < 3,7 s < 3,9 s < 4,6 s < 4,7 s

2.

Nr.	Name	Zeit
1	Lewis Hamilton	1:36:58
2	Sebastian Vettel	1:37:03
3	Mark Webber	1:37:05
4	Jenson Button	1:37:08
5	Nico Rosberg	1:37:11

3. Rechnung: 22 – 8 = 14

Antwort: Es liegen 14 Tage zwischen den beiden Rennen. Das sind zwei Wochen.

4. Rechnung:
1 Stunde = 360 km
1 Minute = 360 km : 60 = 6 km
(1 Stunde = 60 Minuten)
1 Sekunde = 6 000 m : 60 = 100 m
(1 Minute = 60 Sekunden)

Antwort: Ein Formel-1-Rennauto fährt bei einer Höchstgeschwindigkeit von 360 km/h in 1 Minute 6 km und in 1 Sekunde 100 m.

Seite 46/47

1.

Hammer	Standbetonmischer	Bagger	Kran	Schubkarre
300 g	60 kg	3 t	12 t	26 kg

2.

Baustellengerät	1 t	100 kg	10 kg	1 kg	Gewicht
Minibagger	1	7	0	0	1t 700 kg oder 1,7 t
Kettenbagger	14	0	0	0	14 t
Schleifmaschine	0	0	6	5	65 kg
Vorschlaghammer	0	0	1	3	13 kg

3. Rechnung:
Im Text kannst du lesen, dass der Bagger 3 t wiegt. Der Rest des Gesamtgewichts muss die Ladung sein:
3,545 t = 3 t 545 kg
3 t 545 kg – 3 t = 545 kg

Antwort: Die Ladung wiegt 545 kg.

4. Frage: Wie viel kg wiegt ein Zementsack?

Rechnung: 450 kg : 9 = 50 kg
Antwort: Ein Zementsack wiegt 50 kg.

Seite 50/51

1. Antwort: Die „Rhein-Neckar Löwen“ haben mit 942 die meisten Toren geworfen. Die „Füchse Berlin“ haben mit 752 die wenigsten Tore geworfen.

2. Antwort: Der „THW Kiel“ hat nur ein Unentschieden.

3. Antwort: Die ersten 4 Mannschaften können noch Meister werden.
Der „HSV Hamburg“ hat 52 Punkte. Er kann in 6 Spielen noch 12 Punkte holen und somit 64 Punkte schaffen.
„THW Kiel“ hat 47 Punkte und kann in 5 Spielen noch 10 Punkte holen.
Für die „Rhein-Neckar Löwen“ gilt das Gleiche.
Die „Füchse Berlin“ haben 41 Punkte und können in 7 Spielen noch 14 Punkte holen.
„Frisch Auf Göppingen“ als Fünfter kann bei 40 Punkten und 5 ausstehenden Spielen nur noch 10 Punkte erreichen. So haben sie auch keine theoretischen Chancen mehr auf den Meistertitel.

4. Rechnung:
Zwischen Anderson mit 406 Paraden und Eijlers mit 316 Paraden ist der Abstand am größten.

```
  406        oder      3
– 316                  4̸06
  1                  – 316
 ————                 ————
   90                   90
```

Antwort: Es liegen 90 Paraden zwischen ihnen.

Seite 54/55

1. Antwort: Es sind 5 Kinder auf dem Schiff. Würden sie das Vierbettzimmer nehmen, würde ein Kind in ein anderes Zimmer müssen. Sie wollen aber zusammenbleiben. Folglich müssen sie ein Zweibett- und ein Dreibettzimmer nehmen.

2. Antwort:
Goliath ist der größte Wal (1. Hinweis), dann folgen Rudi (4. Hinweis), Bommel, Paul (2. Hinweis) und Fritz (3 Hinweis).

3.

Wal	Herdengröße
Blauwal	10
Buckelwal	25
Pottwal	15
Schwertwal	5

4.

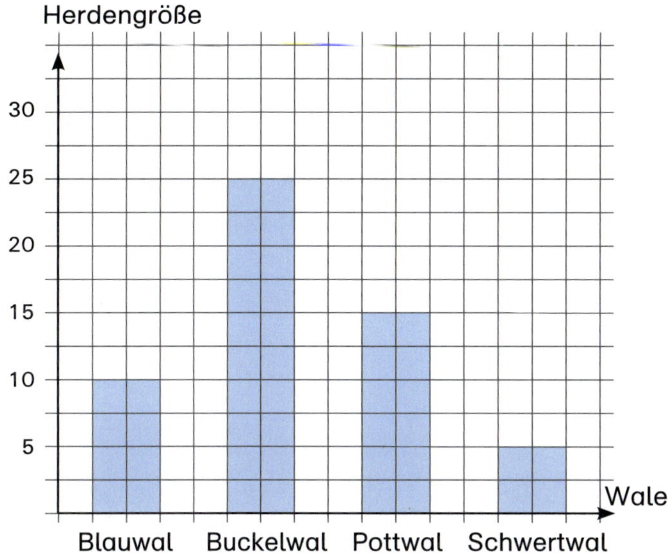

Seite 58/59

1. c) stimmt.
Die ISS umkreist die Erde in einer Mindesthöhe von 350 000 m.

2. b) stimmt.
400 000 m – 350 000 m = 50 000 m.
Das ist der Unterschied zwischen der niedrigsten und der höchsten Umlaufbahn.

3. b) stimmt.
16 – 11 = 5. An dem Projekt sind 5 nicht europäische Nationen beteiligt

4. b) stimmt.
1 440 min : 90 min = 16.
16-mal umkreist die ISS die Erde am Tag.

Seite 62/63

1.

Anzahl d. Krokodile	Anzahl der Zähne
16	1 040
8	520
4	260
3	195
2	130
1	65

2. Antwort: Wenn 1 von 10 Tieren den Räubern entkommt, so sind es bei 70 Tieren 7 Jungtiere.

3.

Anzahl der Eier	Gewicht der Eier
36	3 780 g
9	945 g
7	735 g
5	525 g
2	210 g
1	105 g
18	1 890 g

18 Eier wiegen dann 3780 g : 2 = 1890 g, 9 Eier wiegen 945 g , 1 Ei wiegt 945 g : 9 = 105 g, 2 Eier wiegen 210 g, 5 Eier wiegen 5 · 105 g = 525 g und 7 Eier wiegen 525 g + 210 g = 735 g.

4. 13,20 m ist die Gesamtlänge aller 6 Krokodile. 13,20 m = 1320 cm.
1320 cm : 6 = 220 cm.
220 cm = 2,20 m.

Krokodile	Länge
6	13,20 m
1	2,20 m

Antwort: Jedes Krokodil ist 2,20 m lang. Die kurze Seite des Rechtecks ist 2,20 m lang, die lange Seite des Rechtecks ist 4,40 m lang.

Seite 66/67

1.

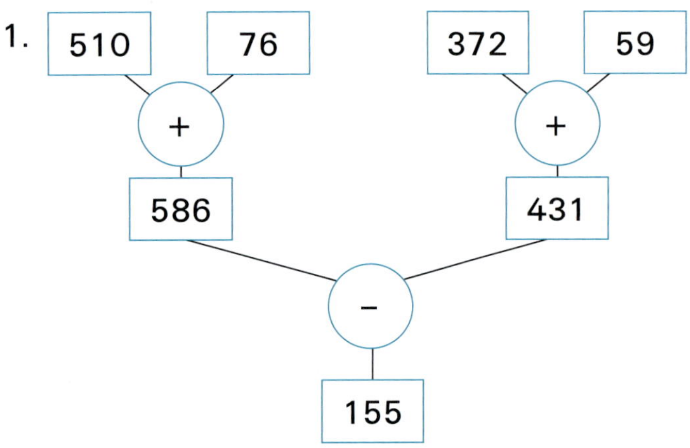

Antwort: Nach 7 Spieltagen ist die Tordifferenz 155.

2. 1. Spieltag: 78 erzielte Tore
2. Spieltag: 53 Gegentreffer
3. Spieltag: 72 erzielte Tore

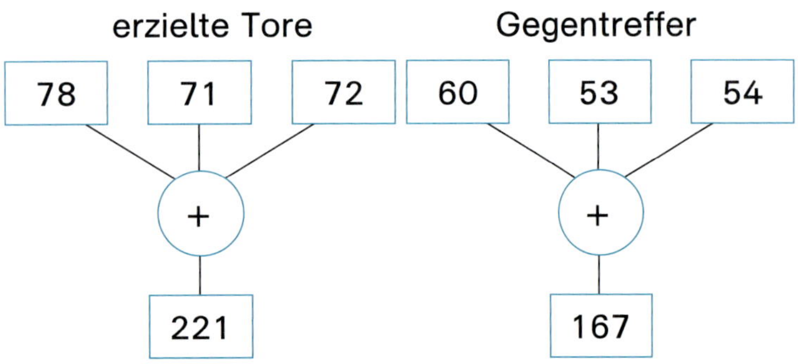

Antwort: Nach 3 Spieltagen hat die Mannschaft 221 Tore erzielt und 167 Gegentreffer kassiert.

3.

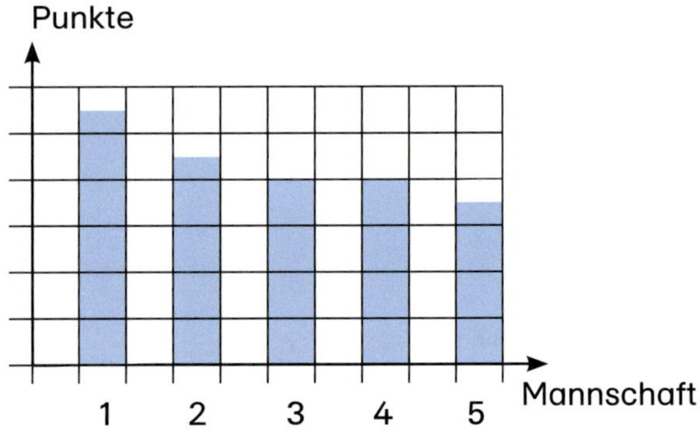

4. Antwort: Mannschaft 1 hat 8 Punkte, Mannschaft 2 hat 10 Punkte und Mannschaft 3 hat 6 Punkte errungen.

Seite 70/71

1.

M	HT	ZT	T	H	Z	E
0	1	0	0	0	0	0

2. 100 000 – 10 = 99 990

Antwort: Ihr Bruder hat nicht recht. Das richtige Ergebnis lautet 99 990.

3.

M	HT	ZT	T	H	Z	E
0	9	9	5	5	5	6

4.

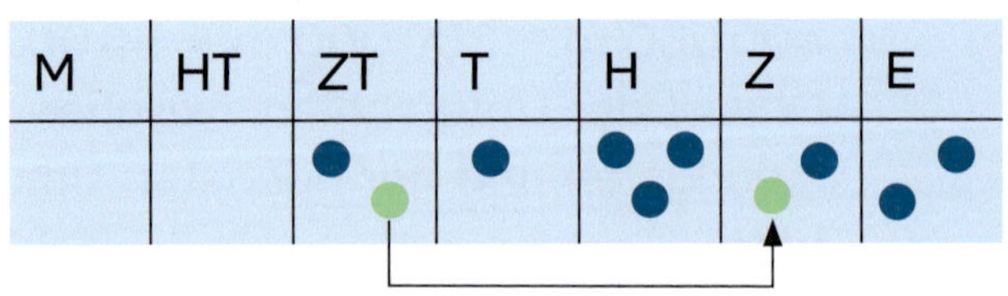

Antwort: Die gesuchte Zahl heißt 11 322. Sie ist um 9 990 kleiner als 21 312.

Seite 74/75

1. Rechnung:

2367 kg
2249 kg
114 kg
+ 127 kg
1 2
4857 kg

Antwort: Die Gruppe wiegt insgesamt 4857 kg.

2. Frage: Wie viel kg Futter fraß der Elefant in einer Woche?

Rechnung:

177,0 kg
203,0 kg
182,5 kg
236,7 kg
238,4 kg
189,0 kg
+ 227,3 kg
1 3 4 1
1453,9 kg

Antwort: Der Elefant fraß in einer Woche 1453,9 kg Futter.

3. Rechnung:

4,82 m
4,82 m
+ 4,31 m
1 1
13,95 m

23,45 m oder 1 2 ~~23~~,45 m
−13,95 m − 13,95 m
1 1
9,50 m 9,50 m

oder

23,45 m oder 0 1 ~~23~~,45 m
4,82 m 4,82 m
4,82 m 4,82 m
− 4,31 m − 4,31 m
2 2
9,50 m 9,50 m

9,50 m : 2 = 4,75 m
8
15
14
10
10
0

Antwort: Jedes der beiden letzten Tiere ist 4,75 m lang.

4. Rechnung:

1. Tag: 1000 l oder 0 9 9 ~~100~~0 l
− 607 l − 607 l
1 1 1
393 l 393 l

2. Tag: 607 l oder 5 ~~6~~07 l
− 312 l − 312 l
1
295 l 295 l

3. Tag: 312 l oder 2 0 ~~31~~2 l
− 17 l − 17 l
1 1
295 l 295 l

Antwort: Am ersten Tag tranken die Tiere 393 l, an den beiden anderen Tagen jeweils 295 l.

Seite 78/79

1. Rechnung:

750 · 17
750
5250
1
12750

Antwort: Sie nahmen 12750 Container mit auf die Reise.

2. Rechnung:
2638 : 2 = 1319
2
06
6
03
2
18
18
0

Antwort: Das sind 1 319 Container.

3. Rechnung:
467 · 3
1401

Antwort: Das Schiff soll insgesamt 1 401 Container befördern.

4. Überschlag: 2 000 · 8 = 16 000
Rechnung:
1992 · 8
15936

Antwort: Nein, das Schiff wäre dann überladen.

Seite 82/83

1. Antwort: Sie entscheiden sich für Kategorie 6, weil die Karte für Erwachsene (22,00 €) und die Karte für Schüler (18,00 €) zusammen 40 € kosten.

2. a) Rechnung:
24,00 €
+ 18,40 €
1
42,40 €

Antwort: Für beide Familien kosten die Karten 42,40 €.

b) Rechnung: 24 € : 4 = 6 €
Antwort: 6 € kostet der Eintritt für ein Mitglied der Familie Schmitz.

c) Rechnung:
18,40 € : 4 = 4,60 €
16
24
24
00
0
0

Antwort: 4,60 € kostet der Eintritt für ein Mitglied der Familie Müller.

3. Rechnung: 14,80 € kostet der Stehplatz für Schüler.
14,80 € − 5 € (Gutschein) = 9,80 €
9,80 € · 26
1960
5880
1 1
254,80 €

Antwort: Die Klasse zahlt insgesamt 254,80 €.

4. a) Rechnung:
29328 : 24 = 1222
24
53
48
52
48
48
48

Antwort: Es wurden 1 222 Familientickets verkauft.

b) Rechnung:
1222 · 4
4888

Antwort: Das waren 4 888 Zuschauer.

c) Rechnung:

```
  12962   oder    0 85
                 12962
- 4888          - 4888
  1  11
------          ------
  8074            8074
```

Antwort: 8 074 Zuschauer hatten andere Tickets.

Seite 86/87

1. Rechnung:
452 cm = 4,52 m

```
  6,48 m     oder      5
                     6,48 m
- 4,52 m           - 4,52 m
  1
--------           --------
  1,96 m             1,96 m
```

oder:

6,48 m = 648 cm

```
  648 cm     oder      5
                     648 cm
- 452 cm           - 452 cm
   1
--------           --------
  196 cm             196 cm
```

196 cm = 1,96 m

Antwort: Das Weibchen war um 1,96 m größer.

2. Rechnung:

```
   3,46 m    oder     346 cm
   2,79 m             279 cm
   6,18 m             618 cm
   5,05 m             505 cm
   4,09 m             409 cm
+  1,50 m          +  150 cm
  2 2 3              2 2 3
---------          ---------
  23,07 m            2307 cm
```

Antwort: Die Länge aller Tiere zusammen ergibt 23,07 m.

3. a) Rechnung: 1 T = 24 h
4 km · 24 = 96 km

Antwort: An einem Tag würde er 96 km zurücklegen.

b) Rechnung: 96 km · 60 = 5 760 km

Antwort: In 60 Tagen könnte er 5 760 km zurücklegen.

4. Rechnung: 960 km = 960 000 m

```
960000 m : 400 h = 2400 m/h
800
1600
1600
   00
    0
    00
     0
     0
```

2400 m / h = 2,4 km / h

Antwort: Der Hai legte (durchschnittlich) 2,4 km pro Stunde zurück.

Seite 90/91

1. Rechnung:
3,5 t = 3 500 kg

```
  3500 kg             4 9
                     3500 kg
- 2107 kg          - 2107 kg
    1 1
---------          ---------
  1393 kg            1393 kg
```

Antwort: Er darf den Wagen mit 1 393 kg beladen.

2. Rechnung:
3 500 kg + 82 kg = 3 582 kg
3 582 kg = 3 t 582 kg

Antwort: Die Waage zeigt 3 t und 582 kg an.

3. Frage: Kann der Sattelzug die Ladungen der 3 Lkws übernehmen?
Rechnung:

```
  4035 kg
  4212 kg
+ 3502 kg
 1
-----------
 11749 kg
```

11 749 kg = 11,749 t

Antwort: Ja, der Sattelzug kann die gesamte Ladung übernehmen.

4. Rechnung:

für Dortmund:

```
9450 : 2 = 4725 kg
8
14
14
 05
  4
  10
  10
   0
```

für Köln:

```
4725 : 3 = 1575 kg
3
17
15
 22
 21
  15
  15
   0
```

für Bonn:

```
  4725 kg    oder      6
- 1575 kg             4725 kg
 1                  - 1575 kg
-----------         -----------
  3150 kg             3150 kg
```

Antwort: Dortmund erhält 4 725 kg, Köln 1 575 kg und Bonn 3 150 kg an Ladung.

Seite 94/95

1. Rechnung:
1 250 ml = 1 l 250 ml = 1,250 l

Antwort: Das sind 1,250 l Wasser.

2. Rechnung:

```
                                5
   76,3 kg     oder          76,3 kg   (6 durchgestrichen)
 - 73,9 kg                 - 73,9 kg
    1
-----------                -----------
    2,4 kg                     2,4 kg
```

1 kg Wasser = 1 l = 1000 ml
2,4 kg Wasser = 2,4 l = 2400 ml

Antwort: Er hat 2 400 ml Wasser verloren. Das sind 2,4 l.

3. Frage: Reicht das bereitgestellte Wasser aus, um den Wasserverlust der Sportler auszugleichen?

Rechnung:
10 · 1,5 l = 15 l
6 · 2,6 l = 15,6 l
15,6 l − 15 l = 0,6 l

Antwort: Das Wasser reicht nicht. Es fehlen noch 0,6 l Wasser.

4. Rechnung:
30 l = 30 000 ml
30 000 ml : 150 ml = 200

Antwort a):
Das sind 200 Gläser Wasser.

Antwort b): Das sind 150 Becher Wasser.
(Umkehraufgabe: 200 · 150 ml = 30 000 ml, dann sind 150 · 200 ml Wasser ebenfalls 30 000 ml Wasser, denn die Faktoren bei Multiplikationen dürfen vertauscht werden.)

Seite 98/99

1. Rechnung: In der Aufgabe ist nach Metern gefragt.
   120 km/h = 120 000 m/h
   1 Minute ist der 60. Teil einer Stunde.
   Also:
   120 000 m/h : 60 = 2 000 m in 1 min

   Antwort: In einer Minute legt der Falke dann 2 000 m zurück.

2. Rechnung:
   12 · 5 min = 60 min = 1 h
   4 km · 12 = 48 km
   In einer Stunde würde der Falke 48 km schaffen.

   oder:

km	Zeit (min)
4	5
8	10
48	60

   Antwort: Der Vogel flog mit einer Geschwindigkeit von 48 km/h.

3. a) Rechnung:
   900 m : 45 m/s = 20 s
   1 200 m : 60 m/s = 20 s

   oder

m	s
45	1
450	10
900	20

m	s
60	1
120	2
1 200	20

   Antwort: Beide Tiere sind zur gleichen Zeit da.

b) Rechnung:
   45 m · 60 = 2 700 m in einer Minute
   2 700 m · 60 = 162 000 m in einer Stunde = 162 km pro Stunde
   = 162 km/h

   60 m · 60 = 3 600 m in einer Minute
   3 600 · 60 = 216 000 m in einer Stunde = 216 km pro Stunde
   = 216 km/h

   Antwort: Der erste Falke fliegt mit einer Geschwindigkeit von 162 km/h. Der zweite Falke fliegt mit einer Geschwindigkeit von 216 km/h.

4. Rechnung:

m	s
40	1
400	10
200	5
600	15

   Antwort: Der Falke braucht 15 Sekunden bis zur Maus. Die ist aber nach 12 Sekunden im Mauseloch und damit gerettet!

Seite 102/103

1. Rechnung:

$$3{,}05\text{ m} \xrightleftharpoons[:2]{\cdot 2} 6{,}10\text{ m} \xrightleftharpoons[-3{,}90\text{ m}]{+3{,}90\text{ m}} 10\text{ m}$$

   Antwort: Die gesuchte Zahl ist 3,05 m. Der Korb hängt 3,05 m hoch.

2. Rechnung:

$$32\,292 \xrightleftharpoons[\cdot 6]{:6} 5\,382 \xrightleftharpoons[+5\,301]{-5\,301} 81 \xrightleftharpoons[-198]{+198} 279$$

Antwort: Die Punktzahl lautet 32 292 Punkte.

3. Überlegungen:
17 = 9 + 8
Die beiden mittleren Ziffern ergeben zusammen 17. Die Quersumme ist um 2 höher. Also können nur noch zwei Einsen hinzukommen, denn die äußeren Ziffern müssen ja gleich sein.

1981 oder 1891 kommen jetzt in Frage. Mit der letzten Bedingung muss es aber 1891 sein.

Antwort: 1891 wurde Basketball zur Hallensportart.

4. Überlegungen:
In der Zahl ist eine 0 enthalten.
Die Zahlen 7 und 8 sind Nachbarzahlen und ergeben zusammen 15.
Folgende dreistellige Zahlen können gebildet werden: 708, 780, 807, 870.
Mit der letzten Bedingung kommt nur noch 780 in Frage.

Antwort: Der maximale Umfang eines Wettkampfballs beträgt 780 mm.

Seite 106/107

1. 4-mal, denn es kann sein, dass ich 3-mal ein Bärchen mit der gleichen Nasenfarbe hintereinander ziehe. Das 4. muss dann eine andere Nasenfarbe haben. Die größte Länge eines Eisbären beträgt somit 3,40 m.

2. Es ist möglich, dass ich eins mit schwarzer Nase und eins mit gelber Nase ziehe. Probiere es aus! Demnach ist Polarbär eine andere Bezeichnung für Eisbär.

3. In jeder Dreiergruppe müssen immer beide Nasenfarben vorkommen. Es darf also keine Gruppe mit 3 schwarzen oder 3 gelben Nasen geben:
 oder 
So gibt es noch 6 Möglichkeiten für Dreiergruppen in verschiedenen Reihenfolgen:
3 Möglichkeiten mit 2 Schwarznasen und 1 Gelbnase: ,  und
3 Möglichkeiten mit 2 Gelbnasen und 1 Schwarznase: , .
Demnach ist die Hautfarbe erwachsener Eisbären Schwarz.

4. Es sind 6 Gummibären vorhanden. Mit ihnen kann man natürlich 3 Paare bilden. Und weil in jedem Paar unterschiedliche Nasenfarben sein sollen, sind diese 3 Paare gemeint:
 (oder umgekehrt).
Ein Eisbär kann also zur Not bis zu 12 Monaten fasten.